建筑工人岗位培训教材

金　属　工

本书编审委员会　编写

胡本国　主编

中国建筑工业出版社

图书在版编目（CIP）数据

金属工/《金属工》编审委员会编写. —北京：中国建筑
工业出版社，2018.9
建筑工人岗位培训教材
ISBN 978-7-112-22605-4

I.①金… Ⅱ.①金… Ⅲ.①金属饰面材料-工程装修-技术
培训-教材 Ⅳ.①TU767

中国版本图书馆 CIP 数据核字（2018）第 199920 号

本教材是建筑工人岗位培训教材之一。按照新版《建筑装饰装修职业
技能标准》的要求，对金属工初级工、中级工和高级工应知应会的内容进
行了详细讲解，具有科学、规范、简明、实用的特点。

本教材主要内容包括：图纸识读，金属门窗等构造节点与结构用材，
材料，机具设备使用和维护，测量放线，制作与安装，验收，习题。

本教材适用于金属工职业技能培训，也可供相关职业院校实践教学
使用。

责任编辑：高延伟　李　明　葛又畅
责任校对：姜小莲

建筑工人岗位培训教材
金属工
本书编审委员会　编写
胡本国　主编
*
中国建筑工业出版社出版、发行（北京海淀三里河路 9 号）
各地新华书店、建筑书店经销
北京红光制版公司制版
北京建筑工业印刷厂印刷
*
开本：850×1168 毫米　1/32　印张：5½　字数：147 字
2018 年 11 月第一版　　2018 年 11 月第一次印刷
定价：**19.00** 元
ISBN 978-7-112-22605-4
（32699）

建筑工人岗位培训教材
编审委员会

出 版 说 明

国家历来高度重视产业工人队伍建设,特别是党的十八大以来,为了适应产业结构转型升级,大力弘扬劳模精神和工匠精神,根据劳动者不同就业阶段特点,不断加强职业素质培养工作。为贯彻落实国务院印发的《关于推行终身职业技能培训制度的意见》 (国发〔2018〕11号),住房和城乡建设部《关于加强建筑工人职业培训工作的指导意见》(建人〔2015〕43号),住房和城乡建设部颁发的《建筑工程施工职业技能标准》、《建筑工程安装职业技能标准》、《建筑装饰装修职业技能标准》等一系列职业技能标准,以规范、促进工人职业技能培训工作。本书编审委员会以《职业技能标准》为依据,组织全国相关专家编写了《建筑工人岗位培训教材》系列教材。

依据《职业技能标准》要求,职业技能等级由高到低分为:五级、四级、三级、二级、一级,分别对应初级工、中级工、高级工、技师、高级技师。本套教材内容覆盖了五级、四级、三级(初级、中级、高级)工人应掌握的知识和技能。二级、一级(技师、高级技师)工人培训可参考使用。

本系列教材内容以够用为度，贴近工程实践，重点突出了对操作技能的训练，力求做到文字通俗易懂、图文并茂。本套教材可供建筑工人开展职业技能培训使用，也可供相关职业院校实践教学使用。

为不断提高本套教材的编写质量，我们期待广大读者在使用后提出宝贵意见和建议，以便我们不断改进。

本书编审委员会

2018 年 6 月

前　言

党的十九大报告提出要"建设知识型、技能型、创新型劳动者大军，弘扬劳模精神和工匠精神，营造劳动光荣的社会风尚和精益求精的敬业风气"。在 2017 年 9 月印发的《中共中央 国务院关于开展质量提升行动的指导意见》中，提出了健全质量人才教育培养体系，加强人才梯队建设，完善技术技能人才培养培训工作体系，培育众多"中国工匠"等要求。弘扬工匠精神，培育大国工匠，是实施质量强国战略的需要。国务院办公厅《关于促进建筑业持续健康发展的意见》（国办发〔2017〕19 号）中也提出了"加强工程现场建筑工人的教育培训。健全建筑业职业技能标准体系，全面实施建筑业技术工人职业技能鉴定制度"和"大力弘扬工匠精神，培养高素质建筑工人"要求。

按照住房和城乡建设部《关于加强建筑工人职业培训工作的指导意见》（建人〔2015〕43 号）等文件要求，为实现"到 2020年，实现全行业建筑工人全员培训、持证上岗"的目标，按照住建部有关部门要求，由中国建设教育协会继续教育委员会会同江苏省住房和城乡建设厅执业资格考试与注册中心、广东省建设教育协会等组织国内行业知名企业专家、高级技师和院校学者、老师以及一线具有丰富工程施工操作经验人员，根据《建筑装饰装修职业技能标准》JGJ/T 315—2016 的具体规定，共同编写这本建筑工人岗位培训教材。

本书以实现全面提高建设领域职工队伍整体素质，加快培养具有熟练操作技能的技术工人，尤其是加快提高建筑工人职业技能水平，保证建筑工程质量和安全，促进广大建筑工人就业为目标，以建筑工人必须掌握的"基层理论知识"、"安全生产知识"、

"现场施工操作技能知识"等为核心进行编制,本书系统、全面、技术新、内容实用,文字通俗易懂,语言生动简洁,辅以大量直观的图表,非常适合不同层次水平、不同年龄的建筑工人在职业技能培训和实际施工操作中应用。

本书由胡本国主编,深圳海外装饰工程有限公司陈汉成、江苏建筑职业技术学院江向东为副主编,深圳市装饰行业协会郑鑫,苏州金螳螂建筑装饰股份有限公司周晓军,浙江银建装饰工程有限公司叶友希,深圳广田集团股份有限公司徐立,深圳市建艺装饰集团股份有限公司韩佛,深装总建设集团股份有限公司曾志琼,深圳华加日幕墙科技有限公司李万昌,江苏建筑职业技术学院孙韬、王利华,江苏信息职业技术学院建工学院张克纯、郝会山参与编写。

限于编者水平,虽经多次审校,书中错误与不当之处在所难免,敬请广大同仁与读者不吝指正,在此谨表谢忱!

目　　录

一、图 纸 识 读

(一) 施工图的识读

1. 识图基本知识

图纸是工程招投标、设计、施工及审计等环节最重要的技术文件。图纸是工程师的语言，是一种将设计构思中的三维空间信息等价转换成二维、三维几何信息的表示形式。工程识图是装饰施工员的一项基本功。要看懂图纸，必须了解投影的基本知识、基本的制图规范。装饰施工员应该了解工程图纸的种类，能较准确、快速地识别图纸所要表达的内容。本章主要以建筑室内装饰设计图为例介绍制图的基本概念、识图知识，以及深化设计的概念。

装饰施工图是以建筑施工为基础，应用投影视图的基本原理，表达装饰对象室内外各部位设置形式及其相互关系、装饰结构、造型及饰面处理的一组视图。

识读建筑装饰施工图首先必须熟记装饰工程图例，详细研读设计说明，弄清设计意图和要求。

2. 平面图、立面图、剖面图

表达一套完整的建筑装饰施工图的设计以图纸为主，其编排顺序为：封面；图纸目录；设计说明（或首页）；图纸（平、立、剖面图及大样图、详图）；工程施工阶段的材料样板。对于装饰工程施工人员，应熟悉施工图的主要内容及相关要求，尤其是增加了标准施工做法、细部节点构造等内容的图纸。

(1) 平面图

装饰平面图是装饰施工图的首要图纸，可以看成是对装饰建

1

筑对象在高出窗台上表面处的水平剖视，见图 1-1。除顶棚平面图外，均按正投影法绘制。

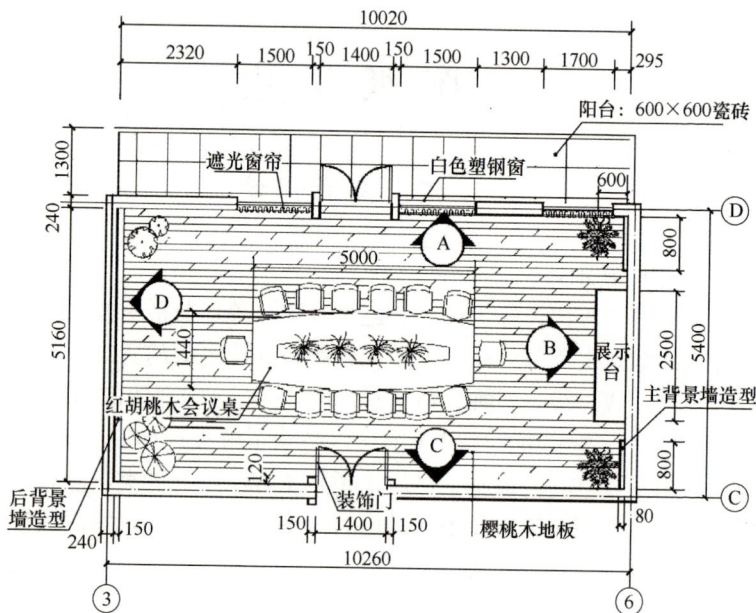

图 1-1　装饰平面图

（2）立面图

装饰立面图是按正投影法绘制的正立投影，用以表达墙面装饰施工做法，见图 1-2。

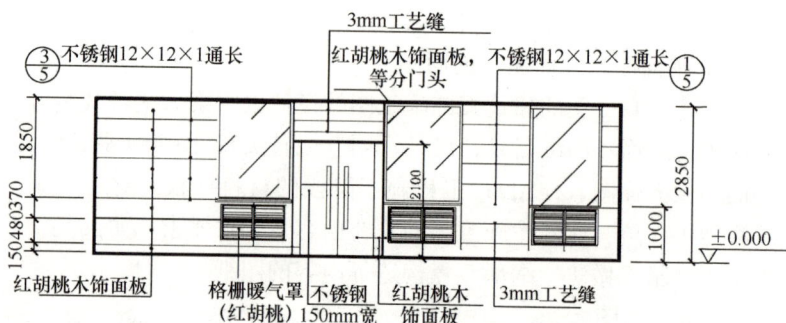

图 1-2　装饰立面图

（3）剖面图

装饰剖面图主要表现空间的内部构造情况，或者说装饰结构与建筑结构、结构材料与饰面材料之间的关系，见图1-3。

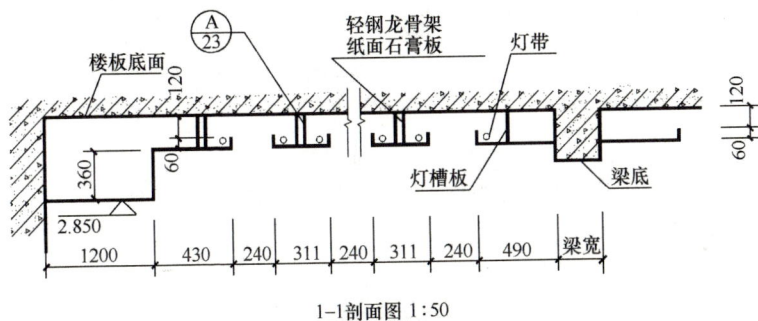

1–1剖面图 1：50

图 1-3　局部剖面图

（4）装饰详图

在装饰平面图、装饰立面图、装饰剖面图中，受比例的限制，其细部往往无法清楚表达，因此就需要用详图来做精确表达。装饰详图主要分为三类：①局部放大图；②建筑装饰构配件详图；③节点详图。

（二）产品加工图相关知识

1. 加工图绘制的相关知识

（1）投影与三面视图

视图就是将产品向投影面投影所得的图形。投影面上的投影与视图，在本质上是相同的。产品在三个基本投影面上所得的三面视图见图1-4。

（2）多面视图

多面视图的表达方法见图1-5，就是用正六面体的六个面的基本投影面，分六个方向分别向六个基本投影面做正投影，从而得到六个基本视图。

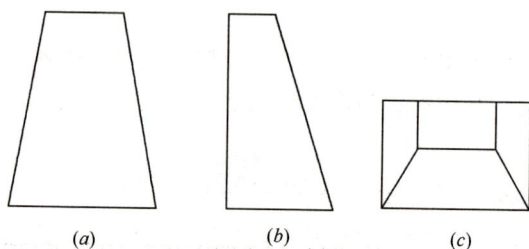

图 1-4　三面视图

(a) 主视图；(b) 左视图；(c) 俯视图

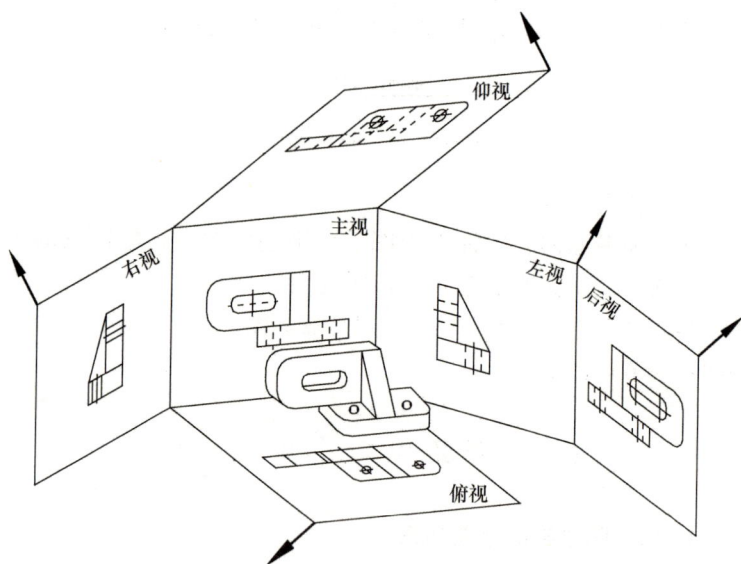

图 1-5　多面视图

（3）剖视图和剖面图

当产品比较复杂时，在视图上就会出现许多虚线，这样给看图和标注尺寸都带来了不便，因此，为了清楚地表达产品的内部结构形状，常常用剖视图来表达，产品的剖视图分为：全剖视图、半剖视图、局部剖视图。

用剖切平面将产品的某处切断，仅表达出断面的图形，称为剖面图。

（4）公差与配合的一般知识

1）工艺基准

产品在加工、检验和装配过程中所使用的基准为工艺基准。工艺基准分为定位基准、测量基准和装配基准。

2）表面粗糙度

① 表面粗糙度符号表示如下：

$\sqrt{}$：基本符号；$\sqrt{}$：基本符号加一短线；$\sqrt{}$：基本符号加一小圆。

② 表面粗糙度 Ra 值的含义举例如下：

$\sqrt{3.2}$：用任何方法获得的表面粗糙度 Ra 最大允许值为 $3.2\mu m$。

$\sqrt{3.2}$：用去除材料的方法获得的表面粗糙度 Ra 最大允许值为 $3.2\mu m$。

$\sqrt{3.2}$：用不去除材料的方法获得的表面粗糙度 Ra 最大允许值为 $3.2\mu m$。

3）公差和配合

① 形位公差

形位公差是指产品的实际形状和实际位置对理想位置的允许变动量。

② 配合

基本尺寸相同，相互结合的孔和轴公差带之间的关系称为配合。配合有三种类型：间隙配合、过盈配合、过渡配合。配合制度分为基孔制和基轴制。

2. 加工图的识读

（1）读标题栏

了解产品的名称、比例、图号、所用材料及数量，并了解其位置及作用。

（2）分析视图，想出产品的形状

弄清产品各部分的形状、结构特点。看清产品的所有细节，达到对产品上所有结构形状和作用都完全了解的目的。

（3）分析尺寸

对产品进行尺寸分析，掌握尺寸种类和加工顺序。

（4）看技术要求

分析产品的尺寸公差、形位公差、表面粗糙度和其他技术要求，以便进一步考虑相应的加工方法。

（5）综合考虑

最后把该产品的形状、结构、尺寸和技术要求综合起来考虑，使产品能最终准确地加工出来。

二、金属门窗等构造节点与结构用材

（一）金 属 门 窗

金属门窗主要介绍铝合金门窗，铝合金门窗具有自重轻、强度高、性能好、变形量小、色彩多样、表面美观、耐腐蚀性好、易于保养、长期使用不变形、加工制作工业化程度高等优点，因而被广泛使用。从环保角度来看，铝材不可燃，并且可以回收利用，节能环保。铝合金门窗应根据使用和安全要求确定铝合金门窗的风压强度性能、雨水渗漏性能、空气渗透性能综合指标；满足建筑节能设计要求。

1. 铝合金门窗节点与结构用材

（1）铝合金型材

为满足节能要求，铝合金型材分为普通型材和断桥铝型材。断桥铝的结构特点是将铝合金型材断开，并在中间加入隔热条，这种结构使得热量在传导过程中被隔断，令室内冬暖夏凉。

1）铝合金型材采用阳极氧化、电泳涂漆、粉末喷涂、氟碳漆喷涂进行表面处理时，应符合现行国家标准《铝合金建筑型材》GB/T 5237—2017 的质量要求，表面处理层的厚度应满足表 2-1 的要求。

2）门窗受力构件应经计算或试验确定。除压条、扣板等需要弹性装配的型材外，未经表面处理的型材最小实测壁厚应满足：门主型材主要受力部位基材不小于 2.0mm，窗主型材主要受力部位基材不小于 1.4mm。

3）门窗用铝合金型材的化学成份应符合现行国家标准《变形铝及铝合金化学成份》GB/T 3190—2008 的有关规定，铝合金型材质量应符合现行国家标准《铝合金建筑型材》GB/T 5237—2017的规定。铝合金门窗见图2-1。

铝合金型材表面处理层的厚度 表 2-1

品 种	阳极氧化、着色	电泳涂漆 （阳极氧化复合膜）		粉末喷涂	氟碳漆喷涂	
厚度	AA15 氧化膜平均厚度应不小于15μm；局部膜厚不小于12μm	表面漆膜采用透明漆	B级要求，局部膜厚不小于16μm	装饰面上图层最小局部厚度应大于40μm	涂层	饰面上平均漆膜厚度不应小于30μm
		表面漆膜采用有色漆	S级要求，局部膜厚不小于21μm		涂层	饰面上平均漆膜厚度不应小于40μm

图 2-1 铝合金推拉窗

（2）隔热条

用穿条工艺生产的隔热铝型材，其隔热材料应使用 PA66＋GF25（聚酰胺 66＋25％玻璃纤维）材料，不得采用 PVC 材料。用浇注工艺生产的隔热铝型材，其隔热材料应使用 PUR（聚氨基甲酸乙酯）材料，断桥铝门窗选用 PA66 隔热条，它的耐高温性及耐低温性更好，热传导值低，更能实现隔热保温、环保节能的效果，可以节约能源 20％～30％。并且耐老化性能优异，热膨胀系数与铝型材接近，保证在阳光暴晒及严寒冷冻状态下，隔热条仍与铝材持久、紧密结合，不会变形。

（3）玻璃

门窗工程根据功能要求选用浮法玻璃、着色玻璃、镀膜玻璃、中空玻璃、钢化玻璃、真空玻璃、夹层玻璃、夹丝玻璃等。窗玻璃尺寸偏差、外观质量及性能应符合现行标准的规定。采用厚度不同的中空玻璃结构和隔热断桥铝型材空腔结构，能够有效降低声波的共振效应，阻止声音的传递，减弱噪声。

1）中空玻璃单片玻璃厚度相差不宜大于 3mm。

2）真空磁溅射法（离线法）生产的 Low-E 玻璃，应合成中空玻璃使用，Low-E 膜层应位于中空气体层内。

3）热喷涂法（在线发）生产的 Low-E 玻璃，可单片使用，Low-E 膜层宜面向内。

4）夹层玻璃单片玻璃厚度相差不宜大于 3mm。

5）下列部位必须使用安全玻璃：

① 单片面积大于 1.5m^2 的窗玻璃或底边离最终装修面小于 500mm 的落地窗，必须使用钢化玻璃。

② 七层及七层以上建筑物的外开窗。

③ 有框门玻璃、幼儿园及其他活动场所的门。

④ 倾斜装配窗等。

（4）密封条及密封胶

影响门窗密封性能最为关键的因素是门窗密封胶条，门窗用密封胶条应采用三元乙丙橡胶、氯丁橡胶、硅橡胶等热塑性弹性密封条。这些材料无毒、环保、耐老化、耐高温、性能稳定，夏、冬季均能保持良好的性能。好的密封胶条要长期保持柔软弹性，时刻契合玻璃与窗扇的细小缝隙，耐老化。不论是冬天低温冻化，还是夏天高温都能保持性能稳定，防风性和防水性兼备。

门窗用密封毛条应采用经过硅化处理的丙纶纤维密封毛条，毛条的毛束应经过规划处理，宜使用夹片型密封毛条。

硅酮耐候密封胶应采用中性胶。

（5）五金件、紧固件

五金配件包括合页（即铰链）、锁具（最常见的是月牙锁、执手与插销）、滑轮、轨道、传动器、连接件、四连杆、综合五金配件等。铝合金门窗工程连接用的螺钉、螺栓宜使用不锈钢紧固件。门窗受力构件之间的连接不得采用铝合金抽芯铆钉。门窗的五金件、紧固件用钢材宜采用奥氏体不锈钢，黑色金属材料根据使用要求应选用热浸镀锌、电镀锌、防锈涂料等有效防腐措施进行处理。

（6）其他材料

1）玻璃垫块应采用模压成型或挤出成型的硬橡胶或塑料。不得使用硫化再生橡胶、木片或其他吸水性材料。

2）聚氨酯 PU 发泡剂应符合现行国家标准或行业标准规定。

3）黑色金属材料除不锈钢外应进行表面镀锌处理，满足设计要求，其镀层厚度应大于 $12\mu m$。

4）门窗框与洞口间采用泡沫填缝剂做填充时，宜采用聚氨酯泡沫填缝胶。固化后的聚氨酯泡沫填缝表面要做密封处理。

5）门窗与墙体间的锚固件、防雷连接件等钢材连接件应镀锌处理，应符合现行国家标准的规定。

2. 铝合金推拉窗构造

推拉窗常用的有 90 系列、70 系列、60 系列、55 系列等。铝合金推拉窗构造见图 2-2。

立面图

C–C剖面图

A–A剖面图

B–B剖面图

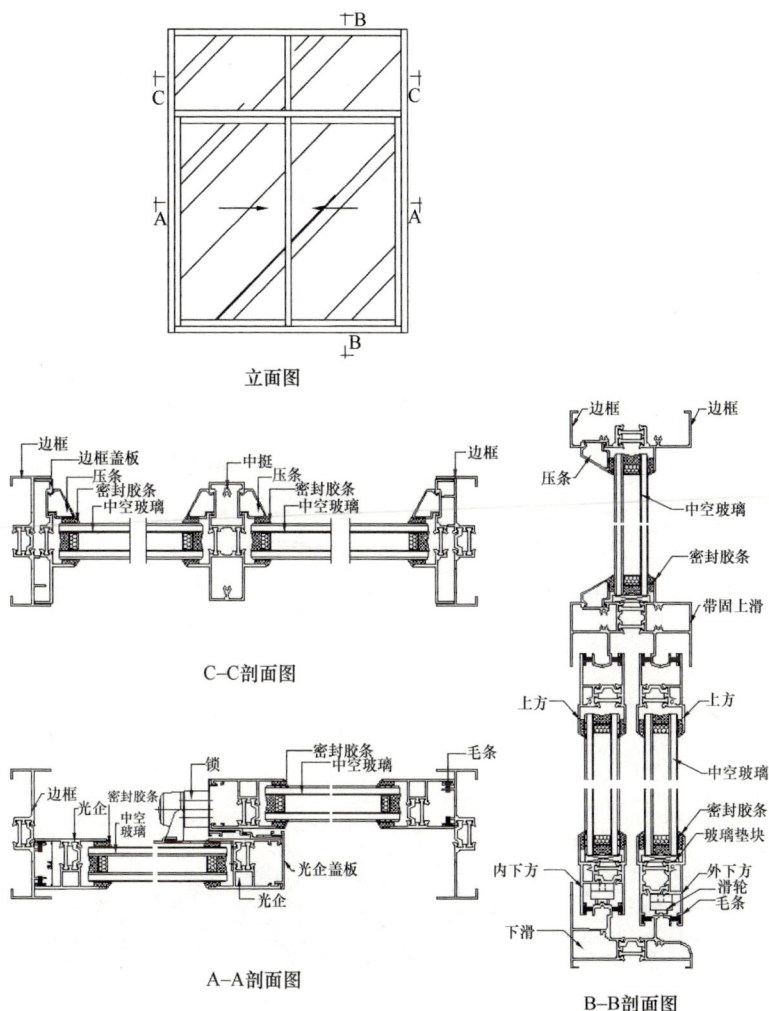

图 2-2　铝合金推拉窗构造图

3. 铝合金平开窗构造

铝合金平开窗有内平开窗、外平开窗、平开内倒窗等。平开窗的构造见图 2-3。

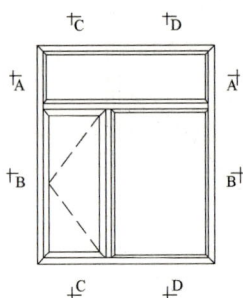

开窗立面图

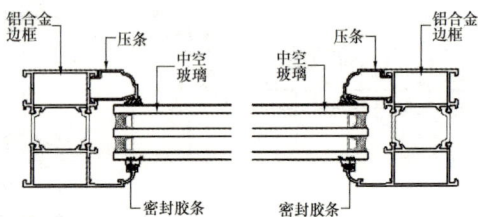

A-A剖面图

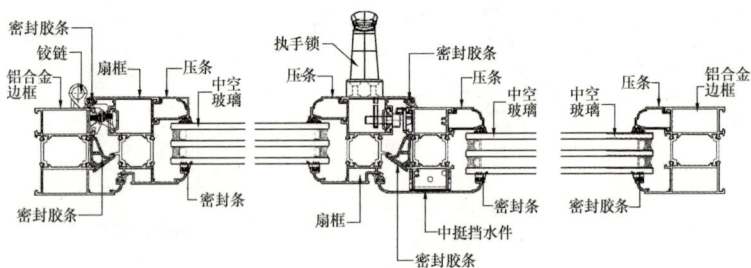

B-B剖面图

图 2-3　平开窗构造图（一）

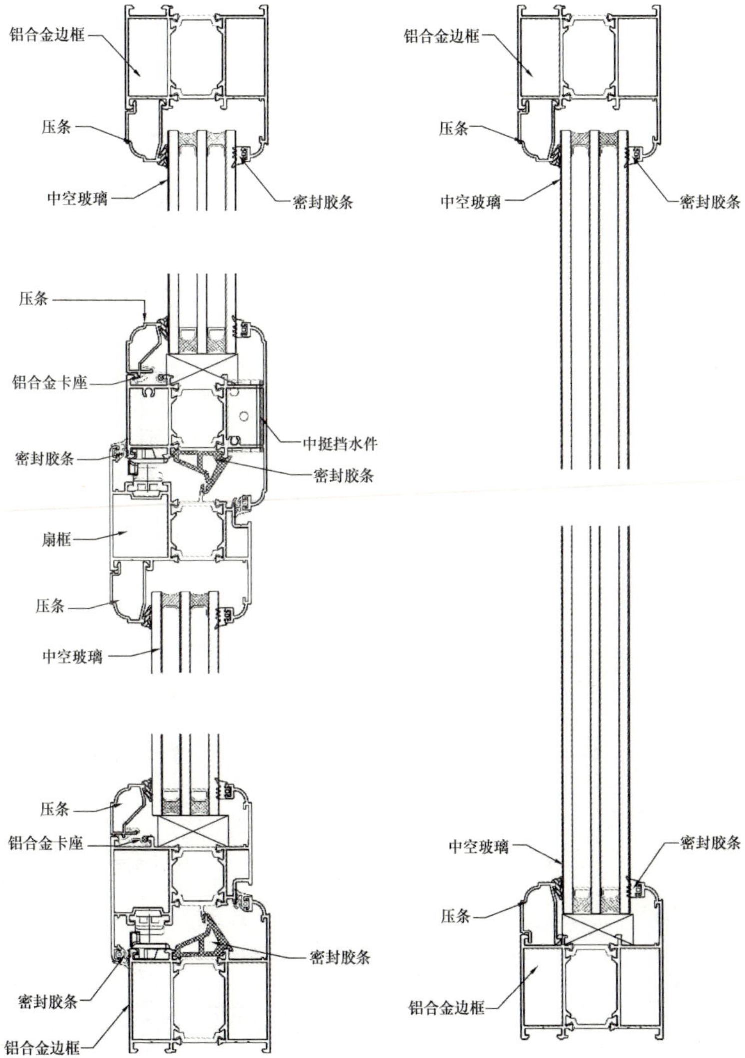

铝合金边框

压条

中空玻璃

密封胶条

压条

铝合金卡座

密封胶条

中挺挡水件

密封胶条

扇框

压条

中空玻璃

铝合金边框

压条

中空玻璃

密封胶条

铝合金卡座

密封胶条

密封胶条

铝合金边框

中空玻璃

密封胶条

压条

铝合金边框

C-C剖面图

D-D剖面图

图 2-3　平开窗构造图（二）

4. 铝合金地弹门构造

铝合金地弹门构造见图 2-4，根据门重量选择地弹簧。

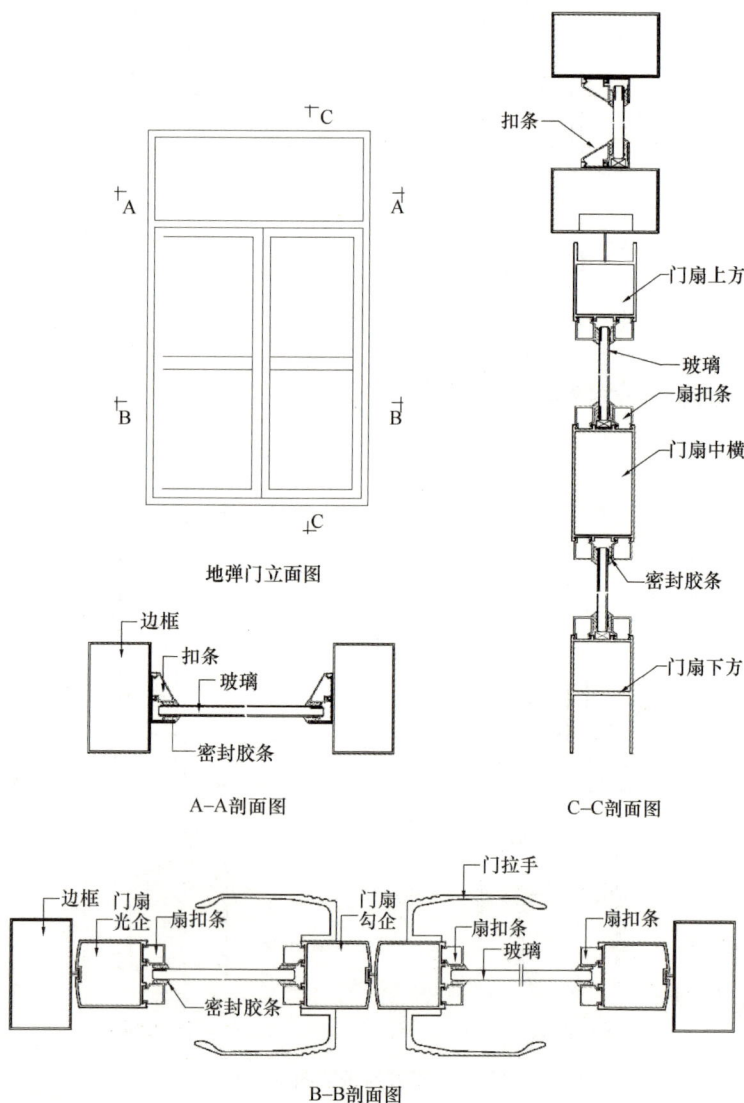

地弹门立面图

A–A剖面图

C–C剖面图

B–B剖面图

图 2-4　地弹门构造图

5. 门窗框与墙体联结构造

铝合金门窗安装有干法安装和湿法安装 2 种，干法安装是指增加金属附框，干法联结金属附框应大于 30mm，固定片与墙体及附框的联结构造见图 2-5。湿法安装是指没有附框，固定片与铝合金门窗框采用卡槽联结方式，见图 2-6。与无槽口铝合金门框联结时，可采用自攻螺钉或抽芯铆钉，钉头处应密封，见图 2-7。

固定片宜采用 Q235 钢材。厚度不小于 1.5mm，宽度不小于 20mm，表面防腐处理。门窗框（附框）的内外两侧宜采用固定

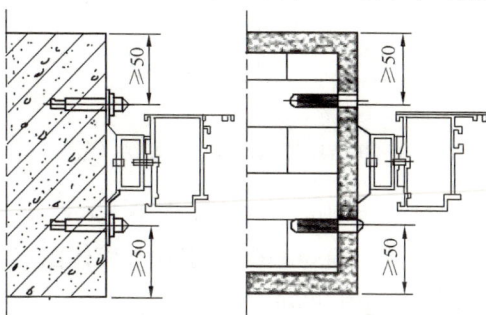

图 2-5　固定片与墙体联结（干法安装）

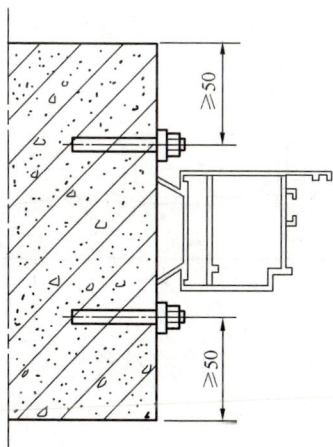

图 2-6　联结片与框卡槽联结（湿法）

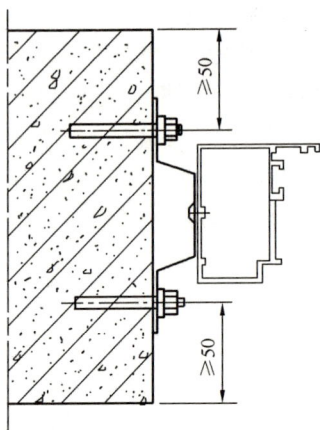

图 2-7　联结片与框自攻螺钉联结（湿法）

片与洞口墙体联结，角部的距离不应大于 150mm，其余部位固定片中心距离不应大于 500mm，固定片与墙体固定点的中心线至墙体边缘距离不应小于 50mm。

铝合金门窗框与洞口的缝隙的处理，采用保温、防潮且无腐蚀性的软质材料填塞密实；也可采用防水砂浆填塞，在框外侧留 5～8mm 密封槽口，填塞防水建筑密封胶，见图 2-8。

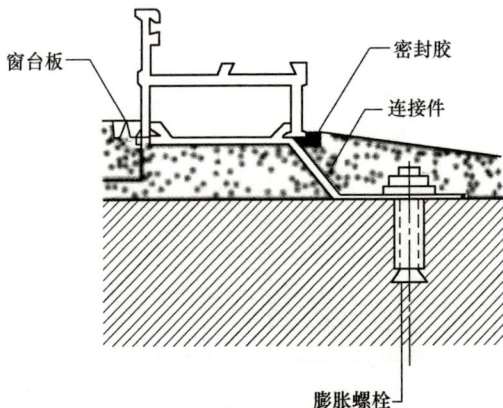

图 2-8　饰面层与框填缝节点图

（二）栏杆（板）扶手

1. 栏杆（板）扶手材料

栏杆（板）种类很多，有金属栏杆、组合式金属玻璃栏杆、玻璃栏板。扶手有木扶手、金属扶手等。栏杆（板）材料应选择具有良好耐候性和耐久性的材料，阳台、外走廊和屋顶等遭受日晒雨淋的地方，不得选用木材和易老化的复合塑料等材料。

（1）金属型材壁厚应符合以下要求：

1）不锈钢：主要受力杆件壁厚不应小于 1.5mm，一般杆件不宜小于 1.2mm。

2）型钢：主要受力杆件壁厚不应小于 3.0mm，一般杆件不宜小于 2.0mm。

3）铁合金：主要受力杆件壁厚不应小于 3.5mm，一般杆件不宜小于 2.0mm。

（2）栏板玻璃

1）若室内设有立柱和扶手，栏板玻璃作为镶嵌面板安装在护栏系统中，则栏板玻璃应使用夹层玻璃。

2）若室内栏板玻璃固定在结构上且是直接承受水平荷载的护栏系统，当栏板玻璃最低点离一侧楼地面高度不大于 5m 时，应使用公称厚度不小于 16.76mm 的钢化夹层玻璃。当栏板玻璃最低点离一侧楼地面高度大于 5m 时，不得使用此结构栏板。

3）室外栏板玻璃应进行玻璃抗风压设计。

2. 栏杆（板）构造

栏杆（板）高度及立杆间距必须符合《住宅设计规范》GB 50096—2011 的规范，即多层住宅及以下的临空栏杆高度不低于 1.05m，中高层住宅的临空栏杆高度不低于 1.1m，楼梯楼段栏杆和落地窗维护栏杆的高度不低于 0.9m，楼梯水平段栏杆长度大于 0.5m 时，其高度不低于 1.05m，栏杆垂直杆件的净距不大于 0.11m，采用非垂直杆件时，必须采取防止儿童攀爬的措施。

组合栏杆构造图见图2-9，栏板构造图见图2-10，扶手构造图见图2-11。

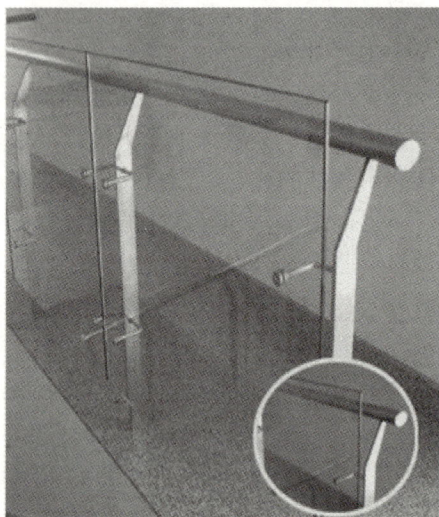

图2-9　玻璃不锈钢组合栏杆

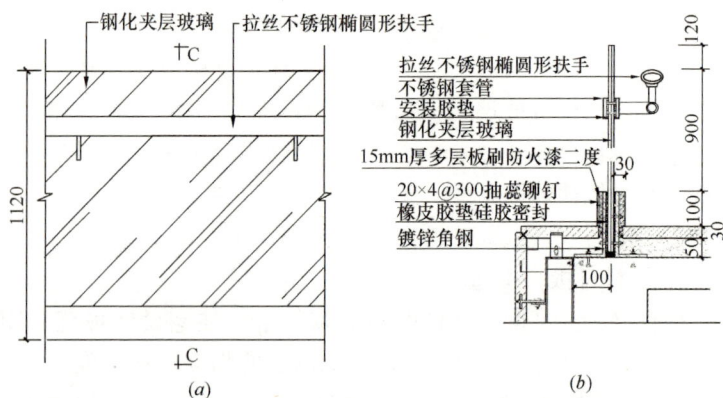

图2-10　栏板构造图（一）

（a）玻璃栏板立面图；（b）C-C剖面图

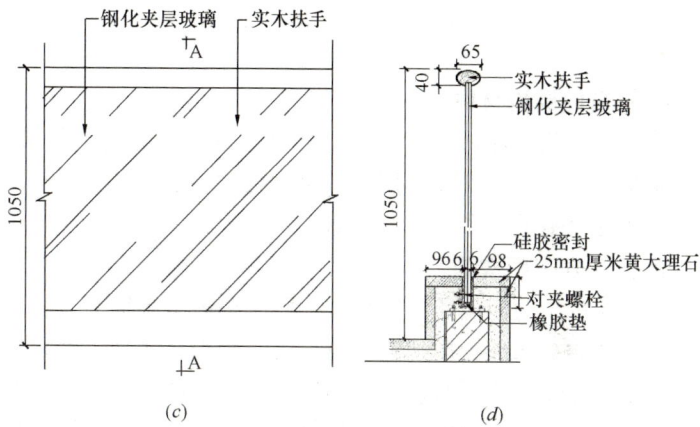

图 2-10 栏板构造图（二）

（c）玻璃栏板；（d）A-A 剖面图

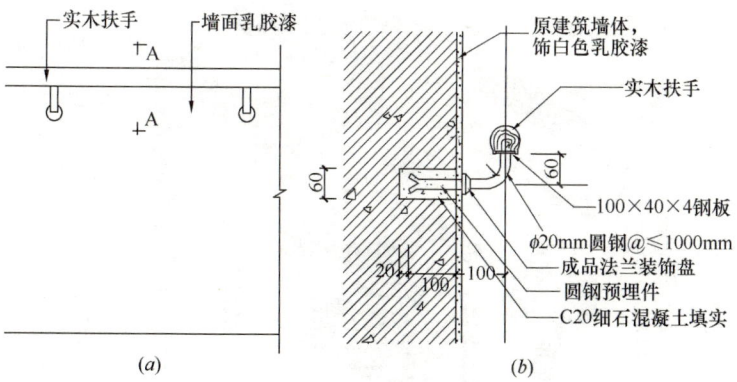

图 2-11 扶手构造图

（a）扶手立面图；（b）A-A 剖面图

（三）卷帘门

1. 卷帘门结构材料

卷帘门按照门片材质，分为铝合金卷帘门、不锈钢卷帘门，彩钢板卷帘门、PVC 卷帘门等。材料要满足相关规范规定，产品出厂要有合格证书和使用说明书。

2. 电动卷帘门构造

电动卷帘门的使用非常广泛，一些厂房进出车辆的大门，以及一些住宅的车库都会用到电动卷帘门。由于其造型美观、功能齐全、控制方便、停电时也可手动操作，所以被大量使用。电动卷帘门主要由端板、卷轴、卷帘门电机、传动链条、导轨、卷门帘片、控制箱等部件组成。其构造见图 2-12、图 2-13。

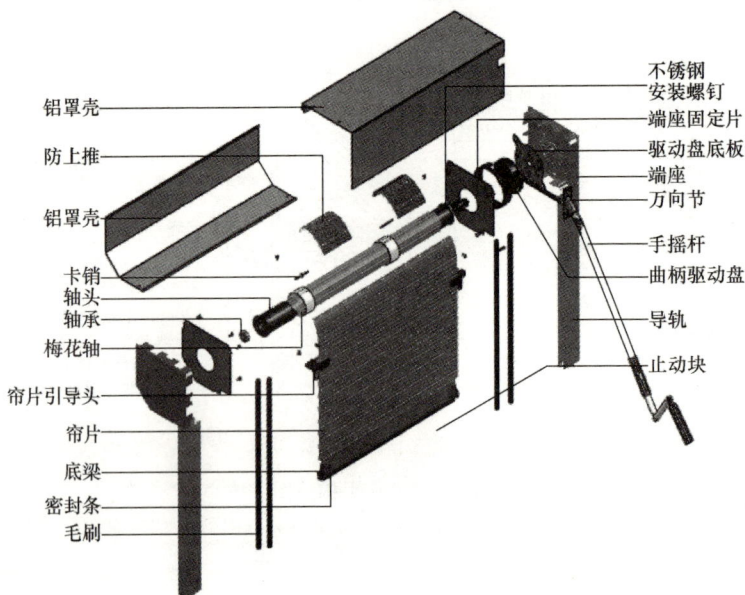

图 2-12　卷帘门构造图（1）

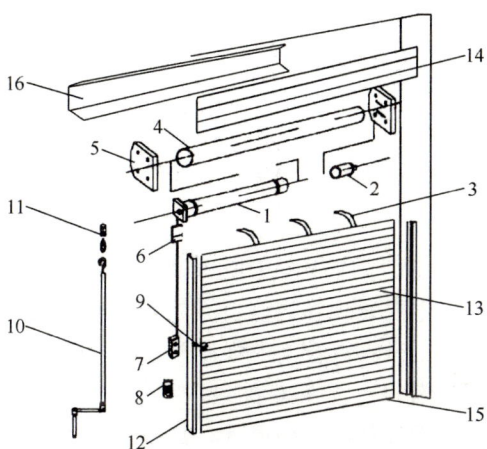

图 2-13　卷帘门构造图（2）

1—管状马达；2—尾插；3—连接片；4—传动管；5—支架；6—遥控接收器；
7—墙体开关；8—遥控发射器；9—手动钥匙；10—手摇杆；11—手摇杆接头；
12—导轨；13—门体；14—挡板；15—底梁；16—外罩

三、材　料

金属材料是建筑装饰工程中应用最广泛、最重要的建筑装饰材料之一。特性主要表现在以下几个方面：一是材质比较均匀，性能比较可靠；二是具有较高的强度和较好的塑性和韧性，可承受各种特性的荷载；三是具有优良的可加工性，可制成各种型材；四是可按照设计制成各种形状，具有较好的可塑性。

（一）钢　材

目前，建筑装饰工程中常用的钢材制品种类很多，主要有钢型材，不锈钢板材、型材，彩色涂层钢板，金属复合板等。

1. 钢型材

（1）简单断面型钢

1）方钢：热轧方钢、冷拉方钢。

2）圆钢：热轧圆钢、锻制圆钢、冷拉圆钢。

3）管材，板材，线材。

4）扁钢。

5）角钢：等边角钢、不等边角钢。

6）三角钢。

7）角钢。

8）椭圆钢等。

（2）复杂断面型钢

1）工字钢：普通工字钢、轻型工字钢。

2）槽钢：热轧槽钢（普通槽钢、轻型槽钢）、弯曲槽钢。

3）H 型钢（又称宽腿工字钢）。

4）C形、T形、U形等轻钢龙骨。

2. 不锈钢板材、型材

（1）不锈钢板材

不锈钢板近年来由于它所具有的独特性，应用越来越广。不锈钢板不仅保持了原色不锈钢的物理、化学、机械性能，且比原色不锈钢具有更强的耐腐蚀性能。主要分为镜面板（8K），拉丝板（LH），磨砂板，和纹板，喷砂板，蚀刻板，压花板，复合板（组合板）。

1）彩色不锈钢镜面板

8K板又称镜面板，制作上采用研磨液通过抛光设备在不锈钢板面上进行抛光，使板面光度像镜子一样清晰，然后电镀上色。

2）彩色不锈钢拉丝板

拉丝板（LH），也叫发丝板，因纹路像头发般直且细长而得名。其表面像丝状的纹理是不锈钢的一种加工工艺。表面是亚光的，上面有一丝一丝的纹理，但是摸不出来，比一般亮面的不锈钢耐磨，看起来更上档次。发纹板有多种纹路，有发丝纹（HL）、雪花砂纹（NO4）、和纹（乱纹）、十字纹、交叉纹等，所有纹路都通过油抛发纹机按要求加工而成，然后电镀着色。

3）彩色不锈钢喷砂板

该板用锆珠粒通过机械设备在不锈钢板面进行加工，使板面呈现细微珠粒状砂面，形成独特的装饰效果，然后电镀着色。

4）彩色不锈钢组合工艺板

根据工艺要求，将抛光发纹、镀膜、蚀刻、喷砂等各种工艺集中在同一张板面上进行组合工艺加工，然后电镀着色的板叫彩色不锈钢组合工艺板。

5）彩色不锈钢和纹板

和纹（乱纹）板的砂纹从远处看是由一圈一圈的砂纹组成，近处是不规则乱纹，是由磨头上下左右不规则摆动磨成，然后电镀着色。

6）彩色不锈钢蚀刻板

蚀刻板以镜面板、拉丝板、喷砂板为底板，在其表面通过化学方法，腐蚀出各种花纹图案后进行深加工；对蚀刻板局部进行和纹、拉丝、嵌金、钛金等各式复杂工艺处理，最终实现图案明暗相间、色彩绚丽的效果。

（2）不锈钢型材

不锈钢型材，就是不锈钢棒通过热熔、挤压，从而得到不同截面形状的不锈钢材料。不锈钢型材的生产流程主要包括熔铸、挤压和上色三个过程。其中，上色主要包括：氧化、电泳涂装、氟炭喷涂、粉末喷涂、木纹转印等过程。

装饰装修工程常用的不锈钢型材有：不锈钢角钢，不锈钢扁钢，不锈钢方钢，不锈钢管材等。

3. 彩色涂层钢板

彩色涂层钢板是指在镀锌钢板、镀铝钢板、镀锡钢板或冷轧钢板表面涂覆彩色有机涂料或薄膜的钢板。涂料和薄膜一方面起到了保护金属的作用，另一方面起到了装饰作用。这种钢板涂层可分为有机涂层、无机涂层和复合涂层。

（1）涂装钢板

涂装钢板是用镀锌钢板作为基底，在其正面背面均进行涂装，以保证其耐腐蚀性能的钢板。正面第一层为底漆，通常为环氧底漆，因为它与金属的附着力强，背面涂有环氧树脂或丙烯酸树脂；第二层（面层）过去常用醇酸树脂，现一般用聚酯类涂料或丙烯酸树脂涂料。

（2）PVC钢板

PVC钢板有两种类型，一种是用涂布糊状PVC的方法生产的，称为涂布PVC钢板；另一种是将已成型的印花或压花PVC膜贴在钢板上，称为贴膜PVC钢板。

（3）隔热涂装钢板

隔热涂装钢板是在彩色涂层钢板的背面贴上15～17mm厚的聚苯乙烯泡沫塑料或硬质聚氨酯泡沫塑料的钢板，这些涂装可提高彩色涂层钢板的隔热隔声性能。

（4）高耐久性涂层钢板

根据氟塑料和丙烯酸树脂耐老化性能好的特点，将高耐久性涂层材料用在钢板表面涂层上，能使钢板耐久性、耐蚀性提高。

4. 金属复合板

金属复合板是利用各种复合技术将性能不同的金属在界面上实现冶金结合而形成的复合材料。通过合适的材料选择及合理的结构设计，金属复合板能够极大地改善单一金属材料的热膨胀性、强度、韧性、耐磨损性、耐腐蚀性、电性能、磁性能等诸多性能。

常见的金属复合板有：钛钢复合板、铜钢复合板、钛锌复合板、钛镍复合板、镍钢复合板、铜铝复合板、镍铜复合板等。

（二）铝合金材料

1. 铝合金型材

（1）铝合金型材是由铝和铝合金材料制成的建筑制品。通常是先加工成铸造品、锻造品以及箔、板、带、管、棒、型材等后，再经冷弯、锯切、钻孔、拼装、上色等工序而制成。

（2）铝合金按其生产方式不同，分为铸造铝合金和变形铝合金两大类。

（3）建筑上一般采用变形铝合金，用以轧成板、箔、带材，挤压成棒、管或各种复杂形状的型材。

（4）变形铝合金按其性能、用途不同，分为防锈铝合金、硬铝、超硬铝和特殊铝等。建筑中一般采用工业纯铝、防锈铝合金及锻铝等材料。

2. 铝合金装饰板

铝合金装饰板又称为铝合金压型板或天花扣板，用铝、铝合金为原料，经辊压冷压加工成各种断面的金属板材。其具有重量轻、强度高、刚度好、耐腐蚀、经久耐用等优良性能。板表面经阳极氧化或喷漆、喷塑处理后，可形成装饰要求的多种色彩。

铝合金装饰板主要分为铝合金花纹板、蜂窝芯铝合金复合板、铝合金波纹板和压型板、铝合金穿孔吸声板等。

（1）铝合金花纹板

花纹板采用防锈铝合金等坯料加工而成，通过表面处理可以得到不同的颜色。花纹板的板材平整，裁剪尺寸精确，便于安装。广泛用于墙面装饰及楼梯的踢板等处。

（2）蜂窝芯铝合金复合板

蜂窝芯铝合金复合板的外表层为 0.2～0.7mm 的铝合金薄板，中心层用铝箔、玻璃布或纤维制成蜂窝结构，铝板表面喷涂聚合物着色保护涂料——聚偏二氟乙烯，在复合板的外表面覆以可剥离的塑料保护膜，以保护板材表面在加工和安装过程中不致受损。蜂窝芯铝合金复合板作为高级饰面材料，可用于各种建筑的幕墙系统，也可用于室内墙面、屋面、天棚、包柱等工程部位。

（3）铝合金波纹板和压型板

这是世界上广泛应用的新型装饰材料，它主要用于墙面的装饰，也可用于屋面装饰，其表面经化学处理以后可以呈现各种颜色，有较好的装饰效果，又有很强的反射阳光的能力，十分经久耐用。其在空气中使用 20 年不用更换，搬迁拆卸下的波纹板仍可继续使用。

（4）铝合金穿孔吸声板

铝合金穿孔吸声板根据声学原理，利用各种不同穿孔率以达到消除噪声的目的，材质可据需要进行选择，常用的是防锈铝板和电化铝板等。其特点是材质轻、强度高、耐高温高压、耐腐蚀、防火、防潮、化学稳定性好。造型美观、色泽优雅、立体感强、装饰效果好，组装也很简便。

（三）金属连接材料

金属连接材料主要有圆钉、自攻螺钉、射钉、铆钉、螺栓、高强度螺栓，材质有铜、铁、钢、铝、合金等。

1. 五金配件

五金配件指用五金制作成的一些小五金板材连接制品。有普通圆钉、扁帽钉、木螺钉、自攻螺钉、射钉等。

圆钉、扁帽钉、木螺钉只能用于与木材等软基体的连接。

钢钉具有较高的强度和冲击韧性，它可以利用射钉枪直接用于砖墙、混凝土墙等处。

2. 连接材料

金属连接配件主要包含螺栓和铆钉。

（1）螺栓

装饰装修工程中常用的螺栓分为塑料和金属两种。

1）塑料胀锚螺栓

塑料胀锚螺栓是用聚乙烯、聚丙烯塑料制造，用木螺钉旋入塑料螺栓内，使其膨胀压紧钻孔壁而锚固物体，适用于锚固各种拉力不大的物体。

2）金属胀锚螺栓

金属胀锚螺栓又称拉爆螺栓，使用时将螺栓塞入钻孔内，施紧螺母拉紧带锥形的螺栓杆，使套管膨胀压紧钻孔壁而锚固物体。这种螺栓锚固力很强，适用于在各种墙面、地面上锚固建筑配件和物体。

（2）铆钉

铆钉是建筑装饰工程中最常用的连接件，其品种规格非常多，主要品种有：开口型抽芯铆钉、封闭型开口铆钉、双鼓型抽芯铆钉、沟槽铆钉和击芯铆钉。

3. 焊接材料

焊接材料是焊接时所消耗材料的通称，包括焊条、焊丝、金属粉末、焊剂、气体等，装饰装修工程现场一般常用的是普通钢材焊条和不锈钢焊丝。

（1）焊条

金属材料除了用螺栓和铆钉连接外，焊接也是常用的连接方法。一般焊条电弧所使用的焊条为普通电焊条，焊条就是涂有药皮的供电弧焊使用的熔化电极。它由药皮和焊芯两部分组成。

（2）不锈钢焊丝

不锈钢焊丝可分为不锈钢实芯焊丝和不锈钢药芯焊丝。

实芯焊丝既可用于惰性气体保护焊，也可用于埋弧焊。药芯焊丝可以像碳钢和低合金钢药芯焊丝一样，对不锈钢进行既简便又高效的焊接。

（四）玻　璃

玻璃主要分为普通玻璃和特殊玻璃。

1. 普通玻璃

普通玻璃也称平板玻璃，具有透光、隔热、隔声、耐磨、耐气候变化的性能，有的还有保温、吸热、防辐射等特征，因而广泛应用于镶嵌建筑物的门窗、墙面、室内装饰等。

普通玻璃的规格按厚度通常分为 2mm、3mm、4mm、5mm 和 6mm，也有生产 8mm 和 10mm 等以上的。

2. 特殊玻璃

为满足生产生活中的各种需求，人们会对普通玻璃进行深加工处理，其类别主要有：钢化玻璃，磨砂玻璃，喷砂玻璃，压花玻璃，夹丝玻璃，中空玻璃，夹层玻璃，防弹玻璃，热弯玻璃，玻璃砖，玻璃纸，LED 光电玻璃，调光玻璃，节能玻璃等。

（五）防火材料

防火材料是指各种对现代防火起到绝对性的作用的、多用于建筑的材料。常用的防火材料包括防火板、防火门、防火玻璃、防火涂料、防火包等。

金属类的防火材料主要包含防火门及防火卷帘。

防火门分为木质防火门、钢质防火门和不锈钢防火门。通常防火门用于防火墙的开口、楼梯间出入口、疏散走道、管道井开口等部位，对防火分隔、减少火灾损失起着重要作用。

防火卷帘主要用在建筑物内不便设置防火墙的位置。防火卷帘一般具有良好的防火、隔热、隔烟、抗压、抗老化、耐磨蚀等各项功能。

（六）密封材料

密封材料就是指能承受接缝位移以达到气密、水密目的而嵌入建筑接缝中的材料。

密封材料有：金属材料（铝、铅、铟、不锈钢等），非金属材料（橡胶、塑料、陶瓷、石墨等）、复合材料（如橡胶-石棉板、气凝胶毡-聚氨酯），但使用最多的是橡胶类弹性体材料。密封材料一般应具有良好的物理和机械性能、回弹性高、压缩永久变形小、密封可靠、加工方便和使用寿命长。

四、机具设备使用和维护

（一）加 工 设 备

1. 锯床

锯床是以圆锯片、锯带或锯条等为刀具，锯切金属圆料、方料、管料以及型材等的机床。锯床的加工精度一般不是很高，多在备料车间用于切断各种棒料、管料等型材。常用锯床有圆锯床、带锯床和弓锯床（图 4-1～图 4-3）。

图 4-1　圆锯床

图 4-2　带锯床

图 4-3　弓锯床

（1）操作方法

1）作业前的调整：调整压紧气缸的位置，把要加工的工件放到该设备的工作台面上，将锯头的压紧气缸调整至对工件压紧最适合的位置，然后固定压紧气缸。

2）锯片进给速度的调节：在试机过程中，如果觉得锯片的进给速度不合适，可以调节气液阻尼缸上的速度调节旋钮，使进给速度增大或减小，即可得到所需要的进给速度。

3）锯切角度的调整：由高精度伺服电机通过扭矩减速器实现角度调整，调整至所需要的角度。

4）工件长度的调整：首先在操作面板上输入待下料长度，然后启动进给电机即可完成，但需提前测量下料尺寸和角度误差，确认后再下料。

（2）维护和保养

1）机身导轨的润滑采用 30 号机械油，每班一次。

2）回转架体支撑及活动处，要注入润滑油，每班一次。

3）气源处理器（分水滤气器、减压阀、油雾器）的调整：分水滤气器需经常放水清洗，压力表调制在 0.5～0.8MPa 范围内，油雾器要保证一定油位，油量要调到合适冷却量。

4）机床要经常保持清洁，每个工作班后，要及时除屑，擦去导轨及机床表面粉尘，导轨外露的表面要涂机械油并抹均匀。

5）长时间放置后重新使用时，要按操作手册确认参考点等参数。

（3）安全操作规程

1）作业前，按照设备点检要求对设备进行点检维护。

2）整个作业过程必须佩戴好防护耳罩、护目镜。

3）清理工作台及锯头周围废料和杂物，保持道路通畅。

4）检查冷却装置、液压装置和气动装置是否正常。

5）检察润滑情况，对各润滑点注油。

6）接通电源，输入锯切指令，移动锯头和旋转锯片至指令输入的正确切割位置并固定。

7）启动电机，以防误操作造成事故。

8）空车运转，检察锯片及设备是否正常，检查气动夹紧装置是否正常。

9）将型材放入正确的切割位置。

10）先按"夹紧"按钮，然后按"锯切"按钮直至完成锯切；锯切按钮需一人双手操作，严禁以任何形式更改双手操作。

11）完成一个工作循环后锯片回到原始位置方可进行第二次锯切。

12）操作完毕后，关闭一号、二号电机开关，关闭主电源。

13）清理现场渣屑，维护锯头及床身。

14）锯切作业原则上只允许单人操作，遇重料锯切，抬料辅助人员严禁进入设备工作区域。

2. 剪板机

剪板机是用一个刀片相对另一刀片做往复直线运动剪切板材的机器（图4-4）。是借于运动的上刀片和固定的下刀片，采用合理的刀片间隙，对各种厚度的金属板材施加剪切力，使板材按所需要的尺寸断裂分离。

图4-4　剪板机

（1）操作方法

1）开动机器做空运转若干循环，在确保无不正常情况下，试剪不同厚度板料（由薄至厚）。

2）在剪切时打开压力表开关，观察油路压力值，如有不正常，可调整溢流阀，使之合乎规定要求。

3）根据板厚调整刀片间隙至合适位置。

4）把板料搬运到工作台上放好。

5）根据裁剪板料尺寸，调整后挡料板至适当位置。

6）轻推钢板使板边与挡料板接触，对好剪切尺寸。

7）踩下脚踏开关剪断钢板。

8）重复4）～6）剪切下一板料。

9）剪完一块/张钢板后换一块重复4）～8）加工。

10）工作完毕后关掉电源，对设备进行日常保养。

（2）维护和保养

1）使用中如发现机器运行不正常，应立即切断电源停机检查。

2）调整机床时，必须切断电源，移动工件时，应注意手的安全。剪板机各部应经常保持润滑，每班应由操作工加注润滑油一次，每半年由机修工对滚动轴承部位加注润滑油一次。

3）经常检查刀片间隙，根据不同材料厚度及时调整间隙。

4）刀口必须保持锋利，被剪表面不准有焊疤、气割缝和突出的毛刺。

5）在调整机器时，必须停车进行，以免发生人身及机器事故。

6）操作时，如发现有不正常杂音或油箱过热现象，应立即停车检查，油箱温度最高温度应小于等于60℃。

7）切勿剪切窄长板料，以免损伤机器，最窄板料剪切尺寸不得小于40mm。

（3）安全操作规程

1）操作前要穿紧身防护服，袖口扣紧，上衣下摆不能敞开，不得在开动的机床旁穿、脱换衣服，或围布于身上，防止机器绞伤。必须戴好安全帽，辫子应放入帽内，不得穿裙子、拖鞋。

2）剪切工要经过一定的专业学习，要懂得本人所操作机床的结构、性能和正确安装模具的方法，才能单独操作。

3）使用前加好润滑油，并进行空车运转两分钟检查。

4）启动后要等运转速度正常后才开始工作；同时观察周围人员动态，防止伤人。

5）不得超规格使用机床。

6）多人操作，应由一人指挥，工件翻身或进退时，两侧操作人员密切联系，动作一致。

7）不允许材料上有焊疤和较大毛刺，防止模具损坏。

8）工作完毕，切断电源，做好机床保养和环境打扫工作。

9）作业时，非操作和辅助人员不得在机械四周停留观看。

10）作业中，应经常检查上模具的紧固件和液压缸，当发现有松动或泄漏等情况时，应立即停机，处理后方可继续作业。

11）批量生产时，应使用后标尺挡板进行对准和调整尺寸，并应空载运转，检查并确认其摆动灵活可靠。

12）工作完毕，切断电源，做好机床保养和环境打扫工作。

3. 折边机

折边机是一种能够对薄板进行折弯的机器，其结构主要包括支架、工作台和夹紧板（图 4-5）。折边机分为手动折边机、液压折边机和数控折边机。

图 4-5　折边机

（1）操作方法

1）工作开始前，应先将工作场地清理干净，把待折边的板料堆放整齐，把机器的所有油眼注满润滑油。

2）根据工件的工艺要求，调整挡块位置和折边梁与上梁间隙及折边梁的旋转角度。

3）工作完毕切断电源，擦拭机床。清理场地，把工件堆放整齐。

（2）维护和保养

1）严格按照操作规程进行操作。

2）每次开机前按润滑图表要求定时、定点、定量加润滑油，油应清洁无沉淀。

3）机床必须经常保持清洁，无油漆的部分涂防锈油脂。

4）电动机轴承内的润滑油要定期更换加注，并经常检查电器部分工作是否正常且安全可靠。

5）定期检查全自动上胶折边机的三角皮带、手柄、旋钮、按键是否损坏，磨损严重的应及时更换，并报备件补充。

6）定期检查修理开关、保险、手柄，保证其工作可靠。

7）每天下班前 10min，对全自动上胶折边机加油润滑并擦洗清洁机床。

8）严禁非指定人员操作该设备，平常必须做到人离机停。

（3）安全操作规程

1）操作前检查折边机的紧固螺栓是否有松动，依材料的厚薄，调整好定位。按规定穿着劳保用品，折边机工作台面上不能堆放其他杂物。

2）操作前必须将滑动部位注入适量的润滑油。待机器空转 3～5min 且正常后再开始作业。

3）将待折的材料按规定正确放入折边机内，然后操作。不能随意操作，保证折边质量。

4）做好"首三检"并经常自检工件作业质量。养成白检习惯，不要"一折到底"。

5）应按规定单件折边，不得双件折边。

6）作业时，操作工立于机器活动手把的两边，防止活动手把运动时发生撞击。操作工头部不能靠近活动手把，以免碰伤。

7）操作工以逆时针形式进行上下活动完成折边过程。操作人员握活动手把时，要用力平衡。

4. 弯圆机

弯圆机是一种能够将型材或板材加工成圆形或弧形的机器。弯圆加工的方法有很多种，按弯曲成形方式可以分为滚弯、压弯、推弯、拉弯、绕弯。常用的滚弯是用三个辊轮对管材进行弯曲加工的方法。其中辊轮 3 为主动轮，其余两个为从动轮。弯曲时只需改变主、从辊轮间的间隔，就可以实现各种曲率半径的弯曲（图 4-6）。

图 4-6　电动管材弯圆机

（1）操作方法

1）工作台和弯圆机台面应保持水平，作业前应准备好各种芯轴及工具。

2）应按加工钢材的直径和弯曲半径的要求，装好相应规格的芯轴和成型轴、挡铁轴。芯轮直径应为钢筋直径的 2.5 倍。挡铁轴应有轴套。

（2）维护保养

1）挡铁轴的直径和强度不得小于被弯钢材的直径和强度。不直的钢材，不得在弯圆机上弯曲。

2）作业后，应及时清除转盘及插入座孔内的铁锈、杂物等。

（3）安全操作规程

1）应检查并确认芯轴、挡铁轴、转盘等无裂纹和损伤，防护罩坚固可靠，空载运转正常后，方可作业。

2）作业时，应将钢材需弯一端插入转盘固定销的间隙内，另一端紧靠机身固定销，并用手压紧，检查机身固定销并确认安放在挡住钢材的一侧，方可开动。

3）作业中，严禁更换轴芯、销子和变换角度以及调速，也不得进行清扫和加油。

4）对超过机械铭牌规定规格的钢材严禁进行弯曲。在弯曲未经冷拉或带有锈皮的钢材时，应戴防护镜。

5）弯曲高强度或低合金钢材时，应按机械铭牌规定换算最大允许规格并应调换相应的芯轴。

6）在弯曲钢材的作业半径内和机身不设固定销的一侧严禁站人。弯曲好的半成品，应堆放整齐，弯钩不得朝上。

7）转盘换向时，应待停稳后进行。

5. 直流电焊机

直流电焊机是将交流电经变压器变压后，再由整流器整流后输出直流电，利用正负两极在瞬间短路时产生的高温电弧来熔化电焊条上的焊料和被焊材料，使被接触物相结合的机器（图4-7）。直流电焊机能焊酸性和碱性焊条。

（1）操作方法

1）在操作前，应检查电焊机及其

图4-7 直流电焊机

连接线，确保接地线、焊把线完好无损，绝缘可靠；各处连接要紧密牢靠；严格遵守并执行电焊机操作规程。

2）排除焊接面上可能引起燃烧、爆炸、倒塌等一切不安全因素，在焊接场所内严禁有易燃物。

3）准备相应规格型号的焊条及工具用具。

4）操作人员必须正确穿戴好劳动保护用品。

（2）维护保养

1）新电焊机使用前，必须将换向器和炭刷之间的霜物擦拭干净，使其接触良好，保持清洁。

2）焊机接入电源，第一次启动，必须检查转子的旋转方向（从换向器端看，应为逆时针方向转动）。如果旋转方向错了，便会破坏炭刷并引起换向器冒火花。

3）换向器表面不应有油污和灰尘，所以要经常擦干净。炭刷的压力和牌号要符合该机的规格和要求，否则在施焊过程中会烧灼换向器的表面。

4）电焊机在搬运中，要尽可能地避免振动，以免影响电焊机的性能。

5）应经常清洁整流器和其他部件，以延长其使用寿命。

（3）安全操作规程

1）电焊机启动后，应检查炭刷与换向器的情况，如果有大量针头状黄色的环火或绿白色的火花时，不应施焊，必须检查原因，排除后方可继续起动和使用。

2）炭刷盒的边缘与换向器表面至少要有 2～3mm 的距离，随着炭刷的磨损，随时调整炭刷的位置。

3）电焊机的饱和电抗器切勿振动，更不应敲击，否则影响焊机性能。

4）在调整电流大小时必须用手柄，移动电焊机时不准直接用电缆拖拉。

5）接线前检查电源电压是否符合规定电压标准，一次线和二次线不能接错。

6）严禁用摇表测试电焊机主变压器的次级线圈和控制变压器的次级线圈。

7）严禁无安全措施情况下触动一次线，在雷雨天或者地面潮湿的情况下必须将电焊机用木料或绝缘物垫起，以防电伤人。

8）运转记录和档案要齐全准确。

9）工作结束后，收拾工具，清理现场。

6. 氩弧焊机

氩弧焊机是利用氩弧焊技术对金属进行焊接的机器（图4-8）。氩弧焊技术是在普通电弧焊的原理的基础上，利用氩气对金属焊材的保护，通过高电流使焊材在被焊基材上熔化成液态形成熔池，使被焊金属和焊材达到冶金结合的一种焊接技术。由于在高温熔融焊接中不断送上氩气，使焊材不能和空气中的氧气接触，从而防止了焊材的氧化，因此可以焊接不锈钢、铝材等金属。

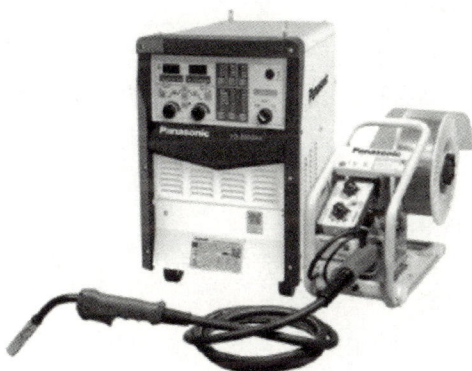

图 4-8　氩弧焊机图

（1）操作方法

1）焊接前应先备好氩气瓶，瓶上装好氩气流量计，然后用气管与焊机背面板上的进气孔接好，连接处要紧好以防漏气。

2）将氩弧焊枪、气接头、电缆快速接头、控制接头分别与焊机相应插座连接好。工件通过焊接地线与"＋"接线栓连接。

3）将焊机的电源线接好，并检查接地是否可靠。

4）接好电源后，根据焊接需要选择交流氩弧焊或直流氩弧焊，并将线路切换开关和控制切换开关扳到交流（AC）档或直流（DC）档。注意：两开关必须同步操作。

5）将焊接方式切换开关置于"氩弧"位置。

6）打开氩气瓶和流量计，将试气开关拨至"试气"位置，此时气体从焊枪中流出，调好气流后，再将试气与焊接开关拨至"焊接"位置。

7）焊接电流的大小，可用电流调节手轮调节，顺时针旋转电流减小，逆时针旋转电流增大。电流调节范围可通过电流大小转换开关来限定。

8）选择合适的钨棒及对应的卡头，再将钨棒磨成合适的锥度，并装在焊枪内，上述工作完成后按动焊枪上开关即可进行焊接。

（2）维护保养

1）清除主机机箱内粉尘。

2）检查设备各电源线有无老化、破损、接触不良等。

3）检查和紧固设备内部导电部件的连接螺钉。

4）氩气、冷却水管路顺畅，无泄漏。

5）检查软管束无破损。

6）焊台转动部位添加润滑油（适用于转盘焊台）。

（3）安全操作规程

1）清除主机机箱内粉尘。

2）工作前必须穿戴好防护用品，操作时所有工作人员必须戴好防护眼镜或面罩。

3）焊接场地禁止放易燃易爆物品，应备有消防器材，保证足够的照明和良好的通风。

4）要使气瓶稳固直立，禁止把气瓶随意倒下放置。

5）停机时及时关闭气瓶开关。

6）请勿将刚焊完的热母材靠近可燃物。

7）焊接作业场所附近要放置灭火器，以防万一。

8）进行焊接或者监督焊接时，要使用具有足够遮光度的保护用具。

9）设备发生故障应停电检修，操作工人不得自行修理。

10）磨钨极棒时须戴口罩。

11）下班后关闭各气瓶及电源，并清理焊机、焊台。

（二）安 装 设 备

1. 电锤

电锤是在电钻的基础上，增加一个由电动机带动有曲轴连杆的活塞，在一个汽缸内往复压缩空气，使汽缸内空气压力呈周期性变化，变化的空气压力带动汽缸中的击锤往复打击钻头的顶部，相当于用锤子敲击钻头。由于电锤的钻头在转动的同时还产生了沿电钻杆方向的快速往复运动（频繁冲击），所以可以在脆性大的水泥混凝土、楼板、砖墙及石材等材料上快速打孔（图 4-9）。

（1）操作方法

1）"带冲击钻孔"作业：先将工作方式旋钮拨至冲击转孔位置；再把钻头放到需钻孔的位置，然后拨动开关触发器。锤钻只需轻微推压，让切屑能自由排出即可，不需使劲推压。

图 4-9　电锤

2）"凿平、破碎"作业：将工作方式旋钮拨至"单锤击"位置；利用钻机自重进行作业，不必用力推压。

3）"钻孔"作业：将工作方式旋钮拨至"钻孔"（不锤击）位置；把钻头放到需钻孔的位置上，然后拨动开关触发器，轻推即可。

（2）维护保养

1）使用迟钝或弯曲的钻头，将使电动机过负荷、工况失常，并降低作业效率，因此，若发现这类情况，应立刻处理更换。

2）由于电锤作业产生的冲击易使电锤机身安装螺钉松动，所以应经常检查其紧固情况，若发现螺钉松了，应立即重新扭紧，否则会导致电锤故障。

3）电动机上的碳刷是一种消耗品，其磨耗度一旦超出极限，电动机将发生故障，因此，磨耗了的碳刷应立即更换，此外碳刷必须常保持干净状态。

4）保护接地线是保护人身安全的重要措施，因此Ⅰ类器具（金属外壳）应经常检查其外壳是否有良好的接地。

5）防尘罩旨在防止尘污浸入内部机构，若防尘罩内部磨坏，应即刻加以更换。

（3）安全操作规程

1）操作者要戴好防护眼镜，以保护眼睛，当面部朝上作业时，要戴上防护面罩。

2）长期作业时要塞好耳塞，以减少噪声的影响。

3）长期作业后钻头处在灼热状态，在更换时应注意避免灼伤肌肤。

4）作业时应使用侧柄，双手操作，以防堵转时的反作用力扭伤胳膊。

5）站在梯子上工作或高处作业应做好高处防坠落措施，梯子应有地面人员扶持。

6）确认现场所接电源与电锤铭牌是否相符，是否接有漏电保护器。

7）钻头与夹持器应适配，并妥善安装。

8）钻凿墙壁、天花板、地板时，应先确认有无埋设电缆或管道等。

9）在高处作业时，要充分注意下面的物体和行人安全，必要时设警戒标志。

10）确认电锤上开关是否切断，若电源开关接通，则插头插入电源插座时电动工具将出其不意地立刻转动，从而可能招致人员伤亡。

11）若作业场所在远离电源的地点，需延伸线缆时，应使用容量足够、安装合格的延伸线缆。延伸线缆如通过人行过道应高架或做好防止线缆被碾压损坏的措施。

2. 电钻

电钻是利用电做动力的钻孔机具（图 4-10）。电钻工作原理是电磁旋转式或电磁往复式小容量电动机的电机转子做磁场切割做功运转，通过传动机构驱动作业装置，带动齿轮加

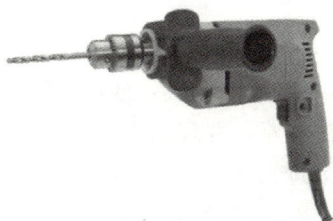

图 4-10　手电钻图

大钻头的动力，从而使钻头刮削物体表面，更好地洞穿物体。电钻主要规格有 4mm、6mm、8mm、10mm、13mm、16mm、19mm、23mm、32mm、38mm、49mm 等。电钻可分为 3 类：手电钻、冲击钻、锤钻。

（1）操作方法

1）根据工作内容选择适用的钻机和钻头，并确保钻头完整、机具性能良好，电源与机具规格相符。

2）确保润滑油质量达标。

3）确认钻头、夹头无杂质灰尘，在钻头柄部涂少量油脂插入前罩孔内。具体型号依据机具的使用说明书所示，转动夹持器，使钻头紧固于钻机上。

4）将挡把拨到选定的挡位。

5）将钻头顶部放到钻孔或凿破位置，轻压、握牢、站稳，接通控制开关。

6）锤钻只需稍加按压，切屑能自由排出即可，无需用力推压。特别是在凿干和破碎作业中，可利用机具自重作业，无需

重压。

7）在金属材料上钻孔应首先用在被钻位置处打上样冲眼。

8）在钻较大孔眼时，预先用小钻头钻穿，然后再使用大钻头钻孔。

9）如需长时间在金属上进行钻孔时可采取一定的冷却措施，以保持钻头的锋利。

10）钻孔时产生的钻屑严禁用手直接清理，应用专用工具清屑。

（2）维护保养

1）检查钻头：使用迟钝或弯曲的钻头，将使电动机过负荷、工况失常，并降低作业效率，因此，若发现这类情况，应立刻更换处理。

2）电钻机身紧固螺钉检查：使用前检查电钻机身安装螺钉紧固情况，若发现螺钉松了，应立即重新扭紧，否则会导致电钻故障。

3）检查碳刷：电动机上的碳刷是一种消耗品，其磨耗度一旦超出极限，电动机将发生故障，因此，磨耗了的碳刷应立即更换，此外碳刷必须常保持干净状态。

4）保护接地线检查：保护接地线是保护人身安全的重要措施，因此Ⅰ类器具（金属外壳）应经常检查其外壳应有良好的接地。

（3）安全操作规程

1）面部朝上作业时，要戴上防护面罩。在生铁铸件上钻孔要戴好防护眼镜，以保护眼睛。

2）钻头夹持器应妥善安装。

3）作业时钻头处在灼热状态，应注意灼伤肌肤。

4）钻 Φ12mm 以上的手持电钻钻孔时应使用有侧柄手枪钻。

5）站在梯子上工作或高处作业时应做好高处防坠落措施，梯子应有地面人员扶持。

6）确认现场所接电源与电钻铭牌是否相符，是否接有漏电保护器。

7）钻头与夹持器应适配，并妥善安装。

8）确认电钻上开关接通锁扣状态，否则插头插入电源插座时电钻将出其不意地立刻转动，从而可能招致人员伤亡。

9）若作业场所在远离电源的地点，需延伸线缆时，应使用容量足够、安装合格的延伸线缆。延伸线缆如通过人行过道应高架或做好防止线缆被碾压损坏的措施。

3. 角磨机

角磨机就是利用高速旋转的薄片砂轮以及橡胶砂轮、钢丝轮等对金属构件进行磨削、切削、除锈、磨光加工（图4-11）。角磨机适合用来切割、研磨及刷磨金属与石材，作业时不可使用

图 4-11 电动角磨机

水。切割石材时必须使用引导板。角磨机常见型号按照所使用的附件规格划分为 100mm（4 寸）、125mm（5 寸）等。

（1）操作方法

1）使用前一定要检查角磨机是否有防护罩，防护罩是否稳固，以及角磨机的磨片是否安装稳固。

2）严禁使用已有残缺的砂轮片，切割时应防止火星四溅，防止溅到他人，并远离易燃易爆物品。

3）要戴保护眼罩，穿好合适的工作服，不可穿过于宽松的工作服，更不要戴首饰或留长发，严禁戴手套及袖口不扣而操作。

4）角磨机刚打开时会有较大摆动，要用力握稳。

5）打开开关之后，要等待砂轮转动稳定后才能工作。

6）切割方向不能向人。

7）连续工作 30min 后要停 15min，待其散热后再用。长期使用后，机器应在空载速度下运行较短的时间，以便冷却

马达。

8) 用角磨机切割或打磨时要稳握角磨机手把，均匀用力。

9) 不能用手捉住小零件，使用角磨机进行加工。

10) 出现不正常声音，过大振动或漏电，应立刻停止检查；维修或更换配件前必须先切断电源，并等锯片完全停止。

11) 如使用切割机在潮湿地方工作时，必须站在绝缘垫或干燥的木板上进行。登高或在防爆等危险区域内使用必须做好安全防护措施。

12) 角磨机的碳刷为消耗品，使用一段时间后要注意更换。更换时注意让其接触良好。

13) 停电、休息或离开工作场地时，应立即切断电源。

14) 工作完成后自觉清洁工作环境。

(2) 维护保养

1) 要经常检查电源线连接是否牢固，插头有没有松动，开关动作是否灵活可靠。

2) 检查电刷是否磨损过短，如果有就需要及时更换电刷，以防因为电刷接触不良而形成火花或烧毁电枢。

3) 时常注意检查工具的进、出风口有没有堵塞，遇到油污与灰尘要及时清理。

4) 定期添加润滑脂。

5) 工具一旦发生故障，要送到厂家或指定的维修处检修，尽量不要自己动手乱修理。

(3) 安全操作规程

1) 使用前，应检查电线、插头、插座是否绝缘、完好。

2) 正确使用角磨机，首先要戴好防护手套和眼镜。开机时手一定要拿稳，尽量让火花朝前溅。注意检查是否有缺损、松动现象。

3) 严禁用油手、湿手等从事角磨机工作，以免触电伤人。

4) 严禁在防火区域内使用，必要时，必须经安保部门批准方可使用。

5）不准私自拆卸角磨机，注意日常维护、使用管理。

6）角磨机电源线不得私自改接，角磨机电源线不得长于5m。

7）角磨机防护罩破损、损坏不准使用。禁止拆掉防护罩进行打磨工作。

8）定期进行绝缘遥测。

9）使用后，由专人负责进行保管。

10）接电后临时放置角磨机一定要使磨片向上，防止突然启动跳起。长时间不用或休息时应关闭电源。

4. 切割机

金属切割机是采用单相交流串励电动机为动力，靠传动机构驱动平形砂轮片切割金属工具的机器（图4-12）。适合锯切各种异形金属铝、铝合金、铜、铜合金、非金属塑胶及碳纤等材料。具有安全可靠、劳动强度低、生产效率高、切断面平整光滑等优点。

图 4-12　金属切割机

（1）操作方法

1）通电使用前认真检查电源开关和砂轮切割机电机的电线是否完好，开关失灵及时更换，电线破皮短路立即更换，防止漏电伤人。

2）使用前检查切割片的松紧度，用扳手将切割片的螺栓紧固夹紧切割片，防止切割片飞出伤人。

3）检查防护罩或安全挡板是否完好牢固，立即消除破损、螺栓脱落等安全隐患。

4）查看电源是否与切割机额定电压相符，以免错接电源，使用前先打开切割机的总开关，空载试转几圈，一切正常再进行切割作业。

5）切割物件力度要适中，不得进行强力、蛮力切锯操作，在切割前要待电机转速达到全速方可进行切割作业，避免切割机突然遇到强外力造成切片断裂飞出伤人。

6）夹紧切割物件，不得切割移动或者摇摆的物件，防止切割片断裂。

7）保持安全距离，切割机防护罩未到位时严禁操作，手放在距锯片15cm以外区域操作切割，切割操作时身体斜侧45°。切割作业时在切割机的前面及侧面3m内严禁人站立。

8）使用切割机时出现不正常声音，立刻停止操作，断开电源，等切割片完全停止转动进行检查维修，严禁带电作业。

（2）维护保养

1）定期检查砂轮切割机的三角皮带、电源按钮及砂轮片是否有裂缝等。

2）在运行期间有异常响声，应立即停止操作，找出原因，必要时向设备维护人员报告进行维修。

3）使用完毕，进行清洁工作。

4）定期给主轴轴承加润滑脂（3000h加一次）。

5）检修时应先切除电源，初步判断故障产生的地方。

6）如三角皮带磨损严重，应予以更换相同型号的三角带，并调整紧固。

7）如主轴轴承磨损严重，应及时更换。

8）及时检查砂轮片的磨损情况及是否有裂纹等。

9）定期检查电源按钮是否灵活。

（3）安全操作规程

1）穿戴好防护工具，不可穿过于宽松的工作服。

2）工作时要集中注意力，严禁酒后操作切割机。

3）使用前必须认真检查设备的性能，确保各部件完好。

4）加工的工件必须夹牢，严禁工件没夹紧就开始切割。

5）防止砂轮片使用中破裂，严禁在切割片平面上修磨工件的毛刺。

6）切割时操作者必须偏离切割片正面。

7）严禁使用已有残缺的切割片，切割时因火星四溅，故须远离易燃易爆物品。

8）更换新的切割片时，不要过于用力拧紧螺帽，防止锯片崩裂发生意外。

9）设备出现抖动及其他故障时，应立即停机修理。

10）加工完毕应关闭电源，清洁场地卫生。

5. 射钉枪

射钉枪又称射钉器，由于外形和原理都与手枪相似，故常称为射钉枪（图 4-13）。它利用发射空包弹产生的火药燃气作为动力，将射钉打入建筑体。射钉器击发射钉，直接打入钢铁、混凝土和砖砌体或岩石等基体中，不需要外带能源如电源、风管等。因为射钉弹自身含有可产生爆炸性推力的药品，能把钢钉直接射出，从而将需要固定的构件和基体牢固地连接在一起。射钉枪自带能源，从而摆脱了电线和风管的累赘，便于现场和高空作业，且操作快速、工期短，能大大减轻操作人员的劳动强度。

图 4-13　射钉枪

（1）操作方法

1）操作人员必须经过培训，熟悉各部件性能、作用、结构特点及维修使用方法，其他人员均不得擅自动用。

2）作业前必须对射钉枪做全面检查，确保射钉枪外壳、手柄无裂缝、破损；各部防护罩齐全牢固，保护装置可靠。

3）严禁用手掌推压钉管和将枪口对人。

4）击发时，应将射钉枪垂直紧压在工作面上，当两次扣动扳机，子弹均不发射时，应保持原射击位置数秒钟后再退出射钉弹。

5）在更换零件或断开射钉枪之前，射枪内均不得装有射钉弹。

6）严禁超载使用。作业中应注意声响及温升，发现异常应立即停止使用，进行检查。

7）射钉枪及其附件弹筒、火药、射钉必须分开，由专人负责保管。使用人员严格按领取料单数量准确发放，并收回剩余和用完的全部弹筒，发放和收回数量必须核对吻合。

8）射入点距离建筑物边缘不要过近（不少于 10cm）以防墙构件裂碎伤人。

9）严禁在易燃易爆场地射击，切不可在大理石、花岗石、铸铁等易碎或坚硬的物体上作业，严禁在能穿透的建筑物及钢板上作业。

（2）维护保养

1）在射钉器使用结束或维修、保养前均应先取出射钉弹。

2）严格使用配套射钉器材。对软质（如木质）被固件或基体射击，选择射钉弹威力要适当，威力过大，将会打断活塞杆。

3）射钉器使用时间较长后，应及时更换易损件（如活塞环），否则射击效果不理想（如威力下降）。

4）射击完后，应及时擦拭或清洗射钉器各零部件。

5）各种射钉器均有说明书，使用前应阅读说明书，了解该射钉器的原理、性能、结构、拆卸和装配方法，遵守规定的注意事项。

（3）安全操作规程

1）必须了解被射物体的厚度、质量，墙内暗管、暗线和墙后面安装设备是否符合射钉要求，如白灰土缝墙空心砖墙、泡沫砖墙不能射钉。水泥墙应去掉墙上灰皮，见到砖后，符合要求才能射击。要求被射击物件厚度大于射钉长 2.5 倍。

2）必须查看射击方向情况，防止射钉射穿后发生其他设备损坏及人身伤亡事故。在 2.5m 高度以下射击时，射击方向的物体背后禁止有人。

3）弹药一经装入弹仓，射手不得离开射击地点，同时枪不离手，更不得随意转动枪口。严禁对着人开玩笑，防止走火发生意外事故并尽量缩短射击时间。

4）射手在操作时，要佩戴防护眼镜、手套和耳塞，周围严禁有闲人，以防发生意外。

5）发射时，枪管与护罩必须紧紧贴在被射击平面上，严禁在凹凸不平的物体上发射。第一枪未射入或未射牢固，严禁在原位补射第二枪，以防射钉穿击发生事故，在任何情况下都不准卸下防护罩射击。

6）操作者必须站立或坐在稳固的地方发射，在高空作业时，必须使用安全带。

7）当发现有"臭弹"或发射不灵现象时，应将枪身掀开，把子弹取出，查找出原因后再使用。

6. 玻璃吸盘

玻璃吸盘是通过改变吸盘内的压力将工件吸牢，以提升、搬运工件的装置。玻璃吸盘分为电动吸盘机和手动吸盘两种（图 4-14、图 4-15）。手动吸盘吸力不大，只适应于搬运重量不大（小于100kg）的工件，但操作简单，灵活性好；电动吸盘机吸力大，适用于搬运重的工件。

图 4-14　电动玻璃吸盘机

图 4-15　手动玻璃吸盘

（1）操作方法

1）按"吸气"按钮：此时真空泵会自动抽取空气，直至真空开关显示达到−0.07MPa以上时设备自动停止。如吸盘与玻璃接触不好，真空泵会一直工作，请检查气路密封性和吸盘是否与玻璃面完全贴合。

2）"放气"：先按一下"吸气"，再按"放气"按钮，才能实现放气（因为设备处于安全自锁状态，防止误操作），此时玻璃就会与吸吊机分开。

3）检查设备（每班上班前务必检查并严格按照使用说明书操作）：

① 用手指抠动一个吸盘，制造漏气现象，此时真空泵会自动开始抽真空。证明设备抽真空功能正常。

② 等待20min以上，检查真空数字显示表的真空压力是否在−50～−80MPa之间。

如以上两个步骤检验无误，证明设备安全性良好，可以正常使用。

③ 翻转和旋转只需通过无线遥控控制，按"上翻"或"下翻"，和按"左旋"或"右旋"来控制玻璃垂直和放平状态。

（2）维护保养

1）每次使用前需要将玻璃表面油渍等擦拭干净，防止油脂对吸盘橡胶的化学反应引起吸盘变形。

2）吸盘使用后和运输保管过程注意不要碰到玻璃和金属边缘，防止锋利部分划伤吸盘表面，影响吸盘真空性能。

3）电动部分避免因雨水进入而影响绝缘性能。如果是直流充电式真空泵，每次使用前需要检查蓄电池充电量是否足够。

4）定期检查外露真空连接管是否有漏气。

（3）安全操作规程

1）检查玻璃的质量，尤其要注意玻璃有无裂纹和崩边。用干布将玻璃的表面浮灰抹净，用记号笔标注玻璃的中心位置。

2）装电动吸盘机。电动吸盘机必须定位，左右对称，且略偏玻璃中心上方，使起吊后的玻璃会自然随下方重力作用慢慢竖直。吸盘定位后，在吸盘的前后方分别围绕玻璃用打包带将玻璃与电动吸盘牢牢地固定在一起，以起到保险的作用。

3）试起吊。电动吸盘机检查无误后，应先将玻璃试起吊2～3cm，以检查各个吸盘是否都牢固吸附玻璃，是否有漏气现象，气压表是否稳定。

4）在玻璃四角位置安装手动吸盘、拉缆绳索和边部保护胶套。玻璃上的手动吸盘可使玻璃在就位时，在不同高度工作的工人都能用手协助玻璃就位。拉缆绳索是为了玻璃在起吊、旋转时，工人能控制玻璃的摆动，防止玻璃受风力和吊车转动影响而发生失控。

5）玻璃吸盘机在工作时，下面严禁站人，以免发生意外。

（三）量具和仪器的使用方法

1. 量具

（1）游标卡尺

游标卡尺作为一种被广泛使用的高精度测量工具，由主尺和附在主尺上能滑动的游标两部分构成，可测量工件宽度、外径、内径和深度。按游标的刻度值（游标卡尺的精度）来分，游标卡尺可分0.1mm、0.05mm、0.02mm三种（图4-16）。

以刻度值0.02mm的精密游标卡尺为例，游标卡尺的读数方法（图4-17）可分三步：

1）根据副尺零线以左的主尺上的最近刻度读出整毫米数。

2）根据副尺零线以右与主尺上的刻度对准的刻线数乘上0.02读出小数。

3）将上面整数和小数两部分加起来，即为总尺寸。

（2）深度游标卡尺

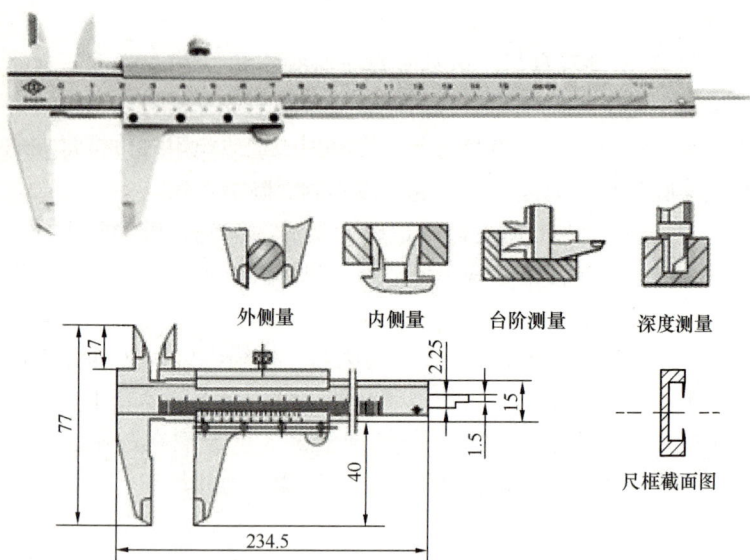

外侧量   内侧量   台阶测量   深度测量

尺框截面图

图 4-16　游标卡尺

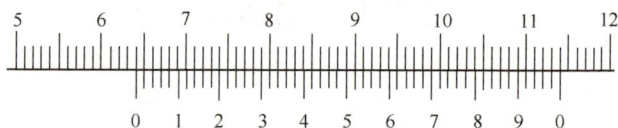

图 4-17　0.02mm 游标卡尺的读数方法

深度游标卡尺属于游标卡尺的一种，是一种用游标读数的深度量尺，主要用于测量凹槽或孔的深度，梯形工件的梯层高度、长度等（图 4-18、图 4-19）。深度游标卡尺的常见量程 0～100mm、0～150mm、0～300mm、0～500mm。常见精度：0.02mm、0.01mm（由游标上分度格数决定）。

（3）万能角度尺

万能角度尺又被称为角度规、游标角度尺和万能量角器，它是利用游标读数原理来直接测量工件角度或划线的一种角度量具。

万能角度尺的结构见图 4-20。

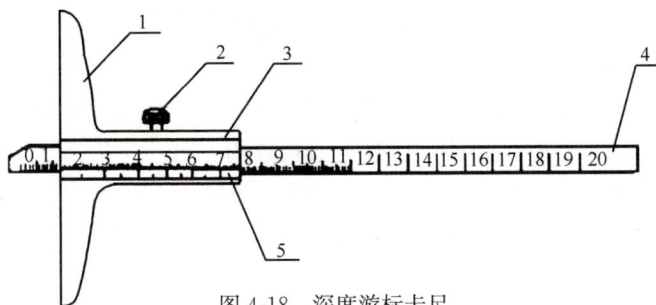

图 4-18　深度游标卡尺

1—测量基座；2—紧固螺钉；3—尺框；4—尺身；5—游标

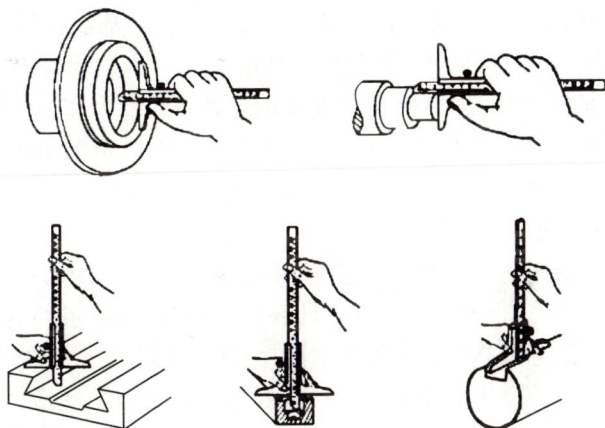

图 4-19　深度游标卡尺的使用方法

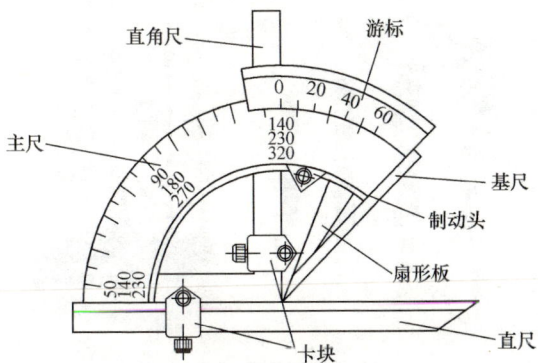

图 4-20　万能角度尺

测量范围：游标万能角度尺有Ⅰ型Ⅱ型两种，其测量范围分别为0°~320°和0°~360°。

使用方法：测量0°~50°时，角尺和直尺全装上；测量50°~140°时，可把角尺卸掉，仅装上直尺即可；测量140°~230°时，把直尺和卡块卸掉，仅装上角尺即可；测量230°~320°时，把直尺、角尺、卡块全部都卸掉，只保留扇形板和主尺（带基尺）即可。

读数方法：先读出游标零线前的角度是几度，再从游标上读出角度"分"的数值，两者相加就是被测零件的角度数值。测量的零件角度大于90°时，在读数时，应加上一个基数：当零件角度大于90°，小于等于180°时，被测角度＝90°＋量角尺读数；当零件角度大于180°，小于等于270°时，被测角度＝180°＋量角尺读数；当零件角度大于270°，小于等于320°时，被测角度＝270°＋量角尺读数。

（4）管形测力计

利用金属的弹性制成标有刻度用以测量力的大小的仪器，谓之"测力计"（图4-21）。测力计有各种不同的构造形式，但它们的主要部分都是弯曲有弹性的钢片或螺旋形弹簧。当外力使弹性钢片或弹簧发生形变时，通过杠杆等传动机构带动指针转动，

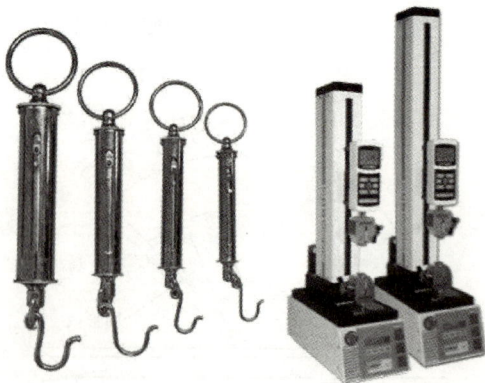

图4-21　管形测力计

指针停在刻度盘上的位置，即为外力的数值。弹簧秤是测力计中最简单的一种。

（5）水平尺

水平尺是利用液面水平的原理，以水准泡直接显示角位移，测量被测表面相对水平位置、铅垂位置、倾斜位置偏离程度的一种计量器具（图 4-22）。水平尺主要用来检测或测量水平和垂直度，可分为铝合金方管型、工字形、压铸型、塑料型、异形等多种规格；长度从 10cm 到 250cm 多个规格；水平尺材料的平直度和水准泡质量，决定了水平尺的精确性和稳定性。水平尺玻璃管中间有个游动的水泡，将水平尺放在被测物体上，水平尺水泡向哪边偏，表示那边偏高，即需要降低该侧的高度。或调高相反侧的高度。将水泡调整至中心，就表示被测物体在该方向是水平的。

图 4-22　铝合金水平尺

2. 仪器

（1）膜厚仪

将处于工作状态下的测量探头放置于被测部件表面，会因此产生一个闭合的磁回路，随着移动探头与铁磁性材料间的距离发生改变，该磁回路将产生不同程度的改变，从而引起磁阻及探头线圈电感的变化（图 4-23）。利用这一原理可以精确地测量探头与铁磁性材料间的距离，该距离即所测的涂层厚度。

根据以上测量原理制成的膜厚仪一般会被分为以下几种类型：

1）磁性测厚法：适用导磁材料上的非导磁层厚度测量。导

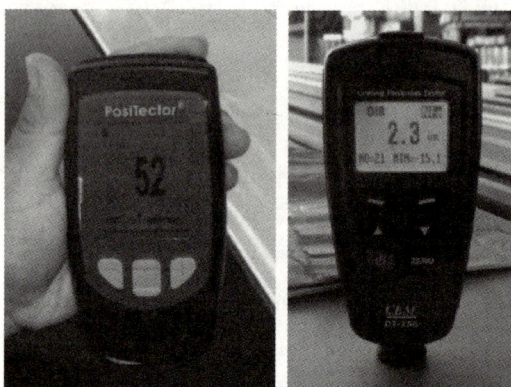

图 4-23　涂层厚度测量仪

磁材料一般为：钢、铁、银、镍。此种方法测量结果精度高。

2）涡流测厚法：适用导电金属上的非导电层厚度测量，此种方法较磁性测厚法精度低。

3）超声波测厚法：该类型膜厚仪适用于多层涂镀层厚度的测量或者前两种方法都无法测量的场合。

常用的磁性法和涡流法的膜厚仪，测量方法无损伤，既不破坏被测工件覆层也不破坏基材，仪器本身体积小巧，测量范围宽、使用操作简便、适用范围广，并且购置价格相对低廉，检测速度快。随着现代科学技术的日益进步，部分机型的测量分辨率可以达到 $0.01\mu m$，基本误差可达到标称示值的 1%，并且通过配备不同类型测头，可满足多种测量的需要。

（2）测距仪

测距仪是利用光、声音、电磁波的反射、干涉等特性，而设计的用于长度、距离测量的仪器。同时可以和测角设备或模块结合测量出角度、面积等参数。新型测距仪在长度测量的基础上，可以利用长度测量结果，对待测目标的面积、周长、体积、质量等其他参数进行科学计算。测距仪的形式很多，通常是一个长形圆筒，由物镜、目镜、显示装置（可内置）、电池等部分组成。

常见的测距仪从量程上可以分为短程、中程和高程测距仪；从测距仪采用的调制对象上可以分为：光电测距仪、声波测距仪；光电测距仪按照测距方法，又分为相位法测距仪和脉冲测距仪两种。激光测距仪的精度主要取决于仪器计算激光发出到接收之间时间的计算准确度（图 4-24）。

图 4-24　激光测距仪

（3）投线仪

投线仪，或称墨线仪，一般指可发出垂直或水平的可见激光，采用波长为 635nm 的半导体激光器，发射出的激光可见度较好，用于在目标面上标注水平线或垂直线（图 4-25）。仪器具有 360°旋转及微调机构，可准确找准目标，采用电子自动安平技术，安平范围大，精度高。投线仪共产生四条相互正交的铅垂线、一条水平线和一条下对点线。铅垂线在仪器上方的交点为铅直点。投线仪会产生多个激光平面（4 个水平面和 4 个正交的铅

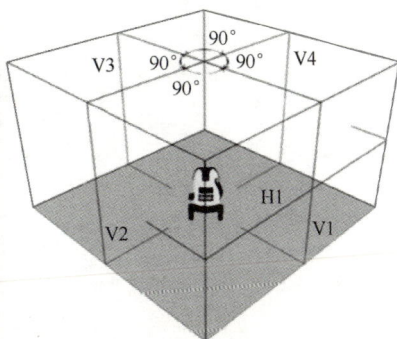

图 4-25　投线仪工作示意

垂面，投射到墙上产生激光线）和一个激光下对点，两条铅垂线会合，产生一个天顶点。投线仪广泛应用于室内建筑施工、装潢、大理石贴面、轻钢龙骨、水电空调、木工安装等方面。

五、测 量 放 线

(一) 测量基础知识

测量是按照某种规律,用数据来描述观察到的现象,即对事物做出量化描述,主要指几何量,包括长度、水平度、垂直度、面积、形状、高程、角度、表面粗糙度以及形位误差等。

1. 长度

长度的测量是最基本的测量,最常用的工具是刻度尺和测距仪。

(1) 刻度尺

正确使用刻度尺,应注意以下几点:

1) 使用前要注意观察刻度线、量程、分度值。

2) 使用时要注意:

① 尺子要沿着所测长度放,尺边对齐被测对象,必须放正重合,不能歪斜。

② 不利用磨损的零刻度线,如因零刻线磨损而取另一整刻度线为零刻线的,切莫忘记最后读数中减掉所取代零刻线的刻度值。

③ 厚尺子要垂直放置。

④ 读数时,视线应与尺面垂直。

(2) 激光测距仪

激光测距仪是利用激光作为载波而实现测距功能的测量工具,手持式激光测距仪所采用的激光主要有以下几种:工作波长为 905nm 和 1540nm 的半导体激光,工作波长为 1064nm 的 YAG 激光。1064nm 的波长对人体皮肤和眼睛是有害的,使用时要注意。

2. 水平度

水平度是指物体表面与绝对水平面之间的比较，两者之间的夹角要符合要求。而水平度可以用水准仪或者投线仪、扫平仪等检查。平整度是指一个平面（如墙或地面）整体是不是在一个面上，而水平度是一般是指水平方向的平面（如地面或顶棚）是不是在一条水平线上。比如当房间地面呈现一定的坡度的时候，平整度可能是合格的，而水平度不一定合格。

3. 垂直度

是位置公差，用符号"⊥"表示。垂直度可以评价直线之间、平面之间或直线与平面之间的垂直状态，其中一个直线或平面是评价基准。墙面装饰、门窗的垂直度要符合规范要求。

（二）放 线 定 位

安装前的测量放线工作非常重要，要根据安装要求放水平线、垂直线、平行线等。

1. 水平线

水平线是指水平面上的直线以及和水平面平行的直线。建筑装饰工程一般用投线仪放水平线。首先检查投线仪，对投线仪进行检测，误差须符合要求。检测方法：将投线仪调平，在室内墙面投水平线，选出若干部位，画出水平线，然后将投线仪移到另一个地方，对上述位置测量，若所有位置前后两线之间距离相同，则检测合格。

对于单一空间的水平线，应将投线仪放在房间内，调平，在四周其墙面上投出水平线，选取若干点，测量点与地面之间的距离，以最小的数值为基准点，考虑地面构造层厚度，确定地面构造层厚度，以水平线为基准，向上或向下弹出 1m 线，此线距地面完成面 1m，见图 5-1。

也可根据建筑 50cm 线、复检 50cm 线、地面构造层厚度，确定 1m 线。

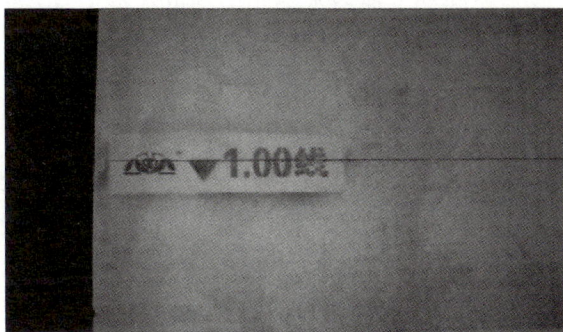

图 5-1　1m 基准线

2. 垂直线

在一条直线或平面上，另一条直线和已知直线或平面夹角为90°，就是垂直线。

根据水平线，基准线，可用投线仪在墙上弹出垂直线，见图5-2。垂直线既是本墙面垂直线控制线，又是另一面墙的垂直度控制基准线。

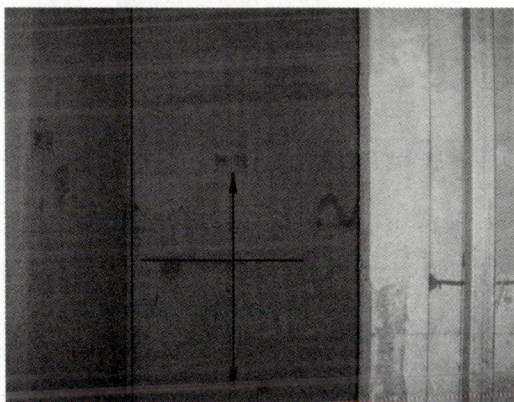

图 5-2　垂直线

3. 平行线

平行线是在同一平面内永不相交（也永不重合）的两条直线。根据水平线和垂直线，可绘制平行线。

4. 门窗安装测量放线

门窗安装测量放线的主要内容是按图示尺寸弹好窗中线，并弹好＋50cm 水平线或 1m 线，窗距外墙的进出线（即外墙门窗的三线控制），见图 5-3。校正门窗洞口位置尺寸及标高是否符合设计图纸要求，如有问题应提前剔凿处理。

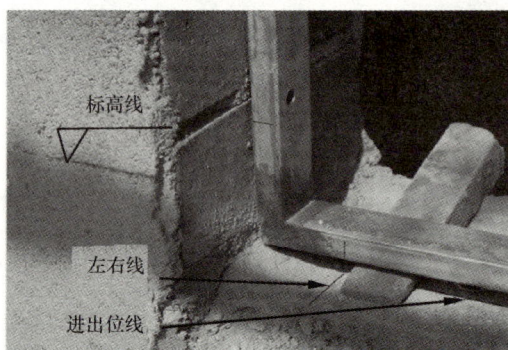

图 5-3　外墙门窗的三线控制

门窗测量放线的工艺流程是：审核测量图—洞口复核—确定基准—水平基准测量复核—垂直基准测量复核—进出位置基准测量复核—安装位置放线。具体施工方法如下：

（1）图纸审核、洞口复核的施工方法

1）首先，应由公司设计部门提供大样图，特殊位置如飘窗、幕墙窗、圆弧窗等的测量图及所需尺寸图，并进行核实、审核无误后形成测量图作为测量依据。

2）其次，工程进场施工前，组织人员对土建已形成的洞口进行测量，此过程中要求按楼号、楼层、轴线、窗型做好记录。依据土建图纸确定洞口尺寸与图纸尺寸误差，并将特殊位置标记清楚。

（2）水平基准测量与复核的施工方法

1）水平标高线的复核。此工序工作主要为复核土建给出的室内水平线（50cm线或1m线）。对同一楼层进行水平复测并核实土建水平线的误差，有误差处需用特殊标记做出标识。

2）有砖及石材的工程应根据水平线复核内外墙标高是否一致。如有误差需与土建及甲方确定，然后做出标记。

3）一般室内水平测量可采用水平仪及水平管配合卷尺进行。

4）水平仪施工应减小与位置点的距离，以免误差过大。线坠应采用10lb以上的品种并且线不宜过长。

（3）垂直基准测量与复核的施工方法

1）垂直方向如有外架子施工可采用拆除部分外围安全网的方式进行，无架子时可直接采用经纬仪，最好采用激光经纬仪进行垂直度的复核。

2）复核过程中要根据洞口缩尺原则，测量土建洞口垂直度的误差并做出标记。如经纬仪由于外架原因无法施工时，可采用大线坠进行复核。施工时应避开大风天。可根据测量数据与土建方再次确定安装位置的垂直方向。此做法可减少土建剔凿工作量，同时也有利于边框安装。

3）垂直线反复核测后方可确定。可采用两侧垂直线间拉尺等分进行复核。

（4）进出基准测量与复核的施工方法

1）进出位置测量主要用于飘窗、幕墙窗位置的确定。

2）因土建整体外墙面存在施工误差，所以进出位置一定按照外墙灰饼进行复核，如发现灰饼及飘窗板等误差较大，应由土建方进行调整或调整安装依据。

（5）安装位置放线的施工方法

1）在以上四方面均确定无误后，方可进行安装位置的放线。放线时水平线可直接引测到窗洞口边位置并用红色铅油做好标记。同时也可以将边框上口或下口线用墨线弹好，以利边框施工。

2) 垂直线可依据安装原则，在洞口位置放出垂直中线或边线，同时在洞口处用墨线弹出并用铅油做出明显标记。

3) 进出位置可根据安装位置以室内依据或室外依据（灰饼）进行位置线返尺。

4) 在飘窗外口边沿弹水平线以便安装时明确位置。此做法可减少安装过程中的吊线时间，大大提高安装速度，同时也比较准确。

5) 注意放线的误差，同时必须做出永久性标记，最好与土建方进行复核并且采用书面的形式让土建方及甲方予以确认并存档。

六、制作与安装

金属制品的制作与安装是建筑装饰装修工程中金属工的重要技能。本章将重点介绍建筑装饰装修工程中铝合金推拉窗、平开窗的制作与安装，卷帘门的安装，金属栏杆的制作与安装，墙面金属板的加工与安装，以及防雷电装置的安装与调试。

（一）铝合金推拉窗、平开窗的制作与安装

铝合金窗，是指采用铝合金型材为框、梃、扇料制作的窗，是以铝合金作受力基材的窗。建筑中常见的铝合金窗主要以推拉窗和平开窗为主，尽管铝合金窗的大小尺寸及式样有所不同，但同类铝合金窗采用的铝型材相同，施工方法也相同。目前，常用的铝型材有 90 系列推拉窗铝材和 50 系列平开窗铝材，作为一名建筑装饰金属工，应熟悉它们的制作与安装。

1. 铝合金推拉窗的制作与安装

铝合金推拉窗具有简洁美观、窗幅大、玻璃块大、视野开阔、采光率高、擦玻璃方便、使用灵活、安全可靠、使用寿命长、占用空间少、安装纱窗方便等优点。但是两扇窗户不能同时打开，最多只能打开一半，通气面积受一定限制，通风性相对差一些。

（1）铝合金推拉窗制作

铝合金推拉窗由窗框、窗扇、拼樘料（只有组合窗才要以拼樘料加以组合，单樘窗没有拼樘料）以及五金件组成。具体构造如图 6-1 所示。其制作流程主要包括：下料—型材加工—穿毛条—装滑轮—外框组装—装玻璃—成品组装—保护或包装。

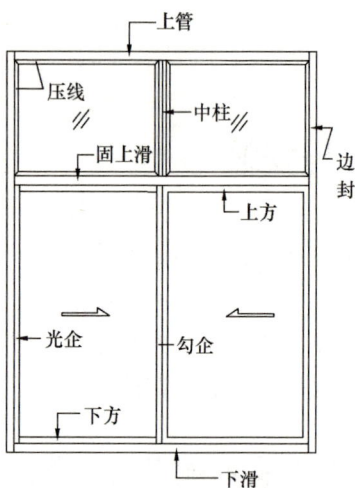

图 6-1 铝合金推拉窗的构造图

1）下料计算

在进行材料计算前，首先要了解窗的型号、规格尺寸、料型、材料的壁厚、窗结构和工艺特点、框扇搭接量、装配间隙等方面的问题。另外，还应注意以下问题：

① 铝型材的下料应按照窗的工艺加工图所注尺寸进行划线、按线切割，划线切割应结合所用铝合金型材的长度，长短搭配、合理用料，减少短头废料。

② 下料时，应严格按照设备操作规程进行，首先根据图纸及下料单确定下料尺寸，在批量生产加工时，先下一樘窗框的料，检验合格后，再投入批量加工生产，并做好三检（首检、中检和尾检）工作。

③ 根据型材的断面大小来调整锯床的进刀速度，以免机器损坏，造成锯片爆裂、型材变形等不良后果。

④ 车间下料锯锯片厚度为 5mm，当双 90°下料时，型材优化料缝为 10mm；当双 45°下料时，料缝宽度为 15mm，为了统一，在做下料方案时都按 10mm 优化，另外由于穿条型材的特点，每根料要减少 50mm。

⑤ 下料后的产品构件应按照工程、规格、数量的不同进行分别堆放，并分层用软质材料垫衬，避免型材表面受损。

下面将以 90 系列的铝合金推拉窗为例，介绍具体的下料计算公式。

首先进行窗框的计算：

先装法（也称立口法）：窗框尺寸的宽（B）和高（H）分别为窗洞口尺寸的宽和高各减 25mm，四周以水泥砂浆塞缝。

后装法（也称塞口法，是目前建筑装饰工程中常用的做法）：窗框尺寸的宽（B）和高（H）分别为窗洞口尺寸的宽和高各减10mm或5mm，四周以发泡剂塞缝。

再结合90系列铝型材的规格（图6-2、图6-3）进行各部分的计算：

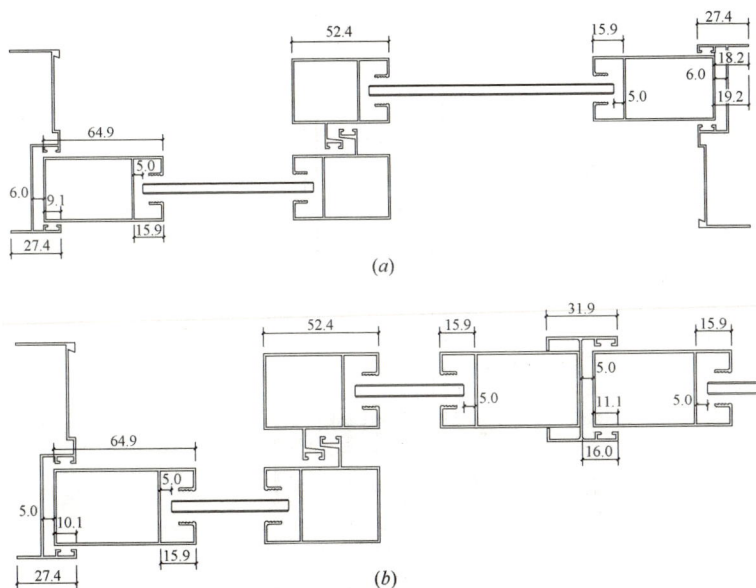

(a)

(b)

图 6-2　铝合金推拉窗水平断面图（局部）

(a) 两开铝合金推拉窗；(b) 四开铝合金推拉窗

A. 上滑道：$B-27.5\times2=B-55$

B. 下滑道：$B-27.5\times2=B-55$

C. 框企（边企）：H

D. 扇上横（上方）：两开：扇横 $=(B-27.5\times2+11\times2+52)/2-3=(B+19)/2-3$

四开：扇横 $=(B-27.5\times2+11\times2+52\times2-5-1.5)/4-3$ $=(B+64.5)/4-3=B/4+13$

E. 扇上横（下方）：两开：扇横 $=(B-27.5\times2+11\times2+$

69

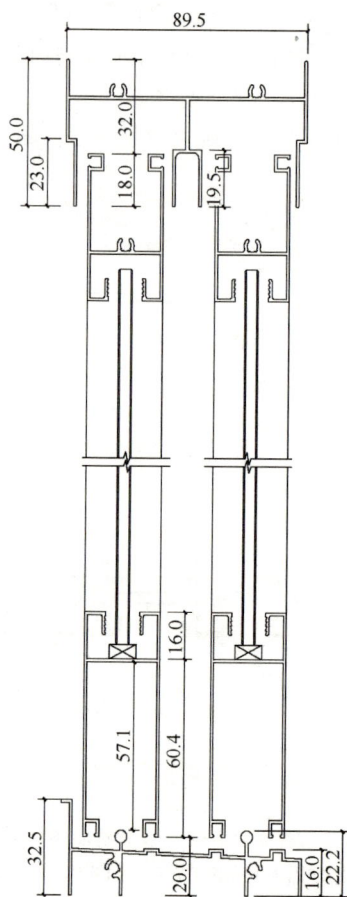

图 6-3　铝合金推拉窗竖向断面图

$52)/2-3=(B+19)/2-3$

　　四开：扇横$=(B-27.5×2+11×2+52×2-5-1.5)/4-3$
$=(B+64.5)/4-3=B/4+13$

　　F. 光企：$H-50+18-22=H-54$

　　G. 勾企：$H-50+18-22=H-54$

　　H. 玻璃：宽度：上横$+3-52-65+16+16-4-4=$上横

－90

高度：光勾企－51－76＋16＋16－4－4＝光勾企－103

I. 上固材料：100mm×25mm 铝方管内装扣条扣座

上固横：B；上固竖：H－50

上固用扣座：宽度：B－50(45°切角)；高度：H_1－50(45°切角)

上固用扣条：宽度：B－50－5－5－1(直角切角)；

高度：H_1－50－5－5－2－2－1(45°切角)

J. 上固玻璃：

上固玻璃宽：B－50－10－5

上固玻璃高：H－50－10－5

2) 加工要点

① 下料

下料分 90°下料和 45°下料两种。下料的角度公差要求一般是小于 15′。

② 剔毛刺、飞边

这道工序不能省。用专用的剔刀或自制的月牙形的剔刀来作业，不得用锉刀，因为用锉刀不好掌握，易伤型材表面。

③ 校直

铝材有翘曲、扭曲现象，一般情况都属于铝材本身的问题。这些问题不太大，其要求高于门窗的使用要求，铝材出厂前都要做抽检。

④ 清洁

下料后，铝材表面、端部和内腔会有一些铝屑和油污需要清洁才能进入下道工序。特别是氧化磨砂料粘上污渍后非常影响美观。

清洁时注意不要用硬物和有机溶剂清洗。可用普通的清洁剂和洗衣粉清洁。

下料后，要用气枪吹掉铝屑。工作台面的铝屑要随时清洁。

⑤ 冲孔、冲槽

按工艺要求来操作。

⑥ 组装（含五金配件安装）

⑦ 组扇

各扇料部件准备好之后，就可以开始组装了。简单来讲就是将各组件通过螺钉或角码将它们联接在一起。上方与光勾企组合用铝角连接或者是带螺纹位的铝材直接用沉头自攻螺钉连接固定。下方用滑轮本身以 M5×12 螺栓联接。90 系列门窗可以同时在这个过程中将玻璃垫和玻璃放入框中。

⑧ 玻璃安装

第一步：玻璃的位置要放置合适保证上下左右的间隙分布均匀。

第二步：塞胶条保证玻璃的厚度方向与铝材的侧面间隙均匀一致。

第三步：打玻璃胶。

3）加工质量要求

加工完成的铝合金推拉窗首先应满足规范的综合性能要求，其综合性能主要包括风压强度性能值、空气渗透性能值和雨水渗透性能。此外，铝合金推拉窗的加工制作还应做到：

① 根据大样详图（加工图、五金装配图）及规定的材料进行作业和制造。窗制作前应由现场提供详细的制作尺寸，复核无误后，方可制作。

② 加工装配时，应保持工作场所清洁干净，工作台面要勤刷扫，防止铝屑磨划表面氧化膜。对每一框体、扇体进行检验，并做好记录。

③ 铝合金窗框、扇拼装应接缝严密，无翘曲及松动现象。铝合金窗框与墙体接触的框边，其榫接部位应采用防水胶（俗称"凝胶"）密封。

④ 铝合金窗相邻构件组装平整度及组装缝隙，应严格控制。

4）成品保护

铝合金推拉窗制作的成品保护工作，必须贯穿各个制作阶段。

①要确保全部制作过程中铝型材的氧化膜免遭破坏，必须及时采取可靠的包装保护措施，如操作台铺设棉毡或地毯等。

②铝合金推拉窗窗框暴露在外的型材装饰面应用胶纸或薄膜保护。

③铝合金推拉窗半成品组装后要合理进行堆放、保管，露天堆放时要防雨、防晒。

④铝合金推拉窗运输，应使用清洁的车辆，采取合理有效的装卸方法，确保铝合金窗免遭损坏。

（2）铝合金推拉窗安装

铝合金推拉窗在加工制作好后，应根据整体工程的进度情况，进场进行安装。铝合金推拉窗的最终使用效果很大程度上取决于安装环节。

1）施工准备

①安装时间：铝合金推拉窗窗框的安装，应在主体结构基本结束后进行；铝合金推拉窗窗扇的安装，宜在室内外装饰基本结束后进行。

②洞口质量检查：由于窗框多采用塞口施工。在一般情况下，洞口尺寸应符合表6-1的规定。窗洞口的尺寸允许偏差宽度和高度为5mm；对角线长度为5mm；洞口下表面水平标高为5mm；垂直偏差为1.5/1000；洞口中心线与建筑物基准轴线偏差为5mm。此外，有预埋件的门窗洞口，还应检查预埋件。

窗洞口尺寸表　　　　　　　　　　　　　　　　表6-1

墙面装饰类型	宽度（mm）	高度（mm）
一般粉刷面	窗框宽度+50	窗框高度+50
玻璃马赛克贴面	窗框宽度+60	窗框高度+60
大理石贴面	窗框宽度+80	窗框高度+80

③检查铝合金窗，如有劈棱窜角和翘曲不平、偏差超标、表面损伤、变形及松动、外观色差较大者，应经处理，验收合格

后才能安装。

2）安装工艺流程

安装施工工艺流程为：弹线—窗框安装—洞口四周嵌缝—抹面—窗扇安装—清理。

① 弹线

按图纸要求尺寸弹好窗中线，并弹好室内＋50cm水平线。在弹线时应注意同一立面的门窗的水平及垂直方向应该做到整齐一致。窗位置线由设计定。高层或超高层建筑的外墙窗口，须用经纬仪从顶到底逐层施测边线，再定中心线，水平方向和垂直方向偏差均不超过5mm。

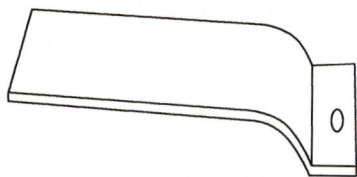

图 6-4　镀锌锚固板示意

② 安框

在安装制作好的铝合金窗框时，吊垂线后要卡方。待两条对角线的长度相等，表面垂直后，将框临时用木楔固定，待检查立面垂直，左右间隙、上下位置符合要求后，再把镀锌锚固板（图6-4）固定在结构上。镀锌锚固板是铝合金门窗固定的连接件。它的一端固定在窗框的外侧，另一端固定在密实的基层上。锚固板与门窗框用自攻螺钉拧紧，门窗框固定可采用焊接、膨胀螺栓或射钉等方式，但砖墙严禁用射钉固定。

③ 填缝

铝合金窗框在填缝前经过平整、垂直度等的安装质量复查后，要将框四周清扫干净，洒水湿润基层。对于较宽的窗框，仅靠内外挤灰时挤进一部分灰是不能饱满的，应专门进行填缝。填缝所用的材料，原则上按设计要求选用，但不论使用何种材料，应达到密闭、防水的目的。

铝合金窗框与洞口的间隙，应采用矿棉条或玻璃棉毡条分层填塞，缝隙表面留5～8mm深的槽口，填嵌密封材料。在施工中注意不得损坏窗上面的保护膜，如表面沾污了水泥砂浆，应随时擦净，以免腐蚀铝合金，影响外表美观。

④ 抹面

铝框四周的塞灰砂浆达到一定的强度后（一般需 24h），才能轻轻取下框旁的木楔，继续补灰，然后才能抹面层，压平抹光。

⑤ 窗扇安装

A. 铝合金窗扇安装，应在室内外装饰基本完成后进行。

B. 将配好的窗扇分内扇和外扇，先将外扇插入上滑道的外槽内，自然下落于对应的下滑道的外滑道内，然后再用同样的方法安装内扇。

C. 对于可调导向轮，应在窗扇安装之后调整导向轮，调节窗扇在滑道上的高度，并使窗扇与边框间平行。

⑥ 清理

铝合金窗交工前，应将型材表面的塑料胶纸撕掉。如果发现塑料胶纸在型材表面留有胶痕，宜用橡胶水清理干净。玻璃应进行擦洗，对浮灰或其他杂物，应全部清理干净。至此，铝合金窗的安装操作基本完成。

3）质量标准

① 铝合金窗的品种、类型、规格、性能、开启方向、安装位置、连接方式及铝合金窗的型材壁厚应符合设计要求。金属窗的防腐处理及嵌缝、密封处理应符合设计要求。

② 铝合金窗必须安装牢固，并应开关灵活、关闭严密，倒翘。推拉窗扇必须有防脱落措施。

③ 铝合金窗配件的型号、规格、数量应符合设计要求，安装应牢固，位置应正确，功能应满足使用要求。

④ 铝合金窗表面应洁净、平整、光滑、色泽一致，无锈蚀。大面应无划痕、碰伤。漆膜或保护层应连接。

⑤ 铝合金推拉窗扇启闭力应不大于 50N。

⑥ 铝合金窗框与墙体之间的缝隙应填嵌饱满，并采用密封胶密封。密封胶表面应光滑、顺直、无裂纹。

⑦ 铝合金窗扇的橡胶密封条或毛毡密封条应安装完好，不得脱槽。

⑧ 有排水孔的铝合金窗，排水孔应畅通并应错位（不小于50mm），位置和数量应符合表6-2要求。

铝合金窗安装的允许偏差和检验方法　　　表 6-2

项次	项目	允许偏差（mm）		检验方法
1	窗槽口宽度、高度	≤1500	1.5	用钢尺检查
		>1500	2	
2	窗槽口对角线长度差	≤2000	3	用钢尺检查
		>2000	4	
3	窗框的正、侧面垂直度	2.5		用垂直检测尺检查
4	窗横框的水平度	2		用 1m 水平尺和塞尺检查
5	窗横框标高	5		用钢尺检查
6	窗竖向偏离中心	5		用钢尺检查
7	双层窗内外框间距	4		用钢尺检查
8	推拉窗扇与框搭接量	1.5		用钢直尺检查

4）质量通病预防

① 窗框四周与墙体间产生裂缝、窗框结露

具体现象：窗框四周与墙体间的缝隙，用水泥砂浆填嵌，水泥砂浆同铝合金窗框直接接触，日久产生裂缝；寒冬气候，窗框在室外面与墙体结合处局部有结露。

原因分析：窗框与墙体间的缝隙，未填嵌软质材料做弹性连接，水泥砂浆在自收缩及温度影响下，周边产生裂缝，严寒天气又使窗框四周形成"冷桥"，产生结露。

预防措施：窗外框与墙体之间的缝隙应按国家规范施工，做弹性连接。一般采用软质材料如矿棉条或玻璃毡条分层填嵌密实，用密封胶密封。

用弹性接头是为了保证在振动、建筑物沉降或温度影响下，铝合金窗受到挤压时不致损坏，延长使用寿命，确保隔声、保温性能的重要措施。嵌填软质材料时，应分层嵌填，使其饱满密实。目前采用的棉毡条、矿棉条等填嵌物，不易填嵌饱满。采用发泡剂作安装填缝材料，因其能发泡膨胀，快速地填充缝隙，操作方便，且具有防水止漏作用，使用效果良好。

② 窗框松动

具体现象：窗框安装后经使用产生松动，当窗扇关闭时撞击门窗框，使窗口的灰皮或防雨胶产生裂缝。

原因分析：安装锚固铁脚间距过大；锚固铁脚采用的材料过薄；锚固方法不正确。

预防措施：

A. 锚固铁脚间距不得大于 400mm，铁脚距铝框边角的距离不大于 180mm；铁脚须经防腐处理，两端应伸出铝框，做内外锚固。

B. 锚周铁脚采用的材料厚度不得小于 1.5mm，宽度不得小于 25mm。

③ 窗框晃动、弯曲

具体现象：推拉或启闭窗时，框、扇抖动，在大风或用手推压时，变形大、摇动，给人以不安全感；框的立梃或横梃本身不顺直，有弯曲状。

原因分析：

A. 型材选择不当，断面小，壁厚达不到规定要求。

B. 窗框受撞碰产生变形。

预防措施：

A. 铝合金窗应按洞口尺寸及安装高度等不同使用条件，选择型材截面，一般推拉窗不应小于 75 系列。框型材的壁厚应符合设计要求，按照国家规定，主要受力构件不得低于 1.4mm。

B. 根据不同墙体材料采用不同的锚固方法，混凝土墙上可用射钉或膨胀螺栓固定；砖砌体可用预埋件或膨胀螺栓固定。在砖墙上不准用射钉固定，因砖墙材质不均，且易爆裂，宜在砌筑墙时，预先砌入预制混凝土块，以作连接固定用。多孔砖不得采用膨胀螺栓固定。

C. 对已变形的框应进行修理后再安装，框四周缝隙塞矿棉等软质材料要适当，防止过量导致向内弯曲。

④ 推拉窗窗扇脱轨坠落

具体现象：铝合金推拉窗安装后使用，发生窗扇脱轨坠落。

原因分析：采用的材料厚度太薄，刚度差或者材性材质差；窗框下冒头弯曲，高低不顺直。

预防措施：

A. 铝合金窗采用的材料厚度根据国家规定，主要受力构件的厚度不得低于1.4mm，其材性材质要符合相关规范要求。

B. 窗扇左右两侧上顶角要设防止脱轨跳槽的装置（限位器）。

C. 窗框安装前应校正因碰撞造成的弯曲，安装中应拉线检查，校正高低，达到顺直一致。

5）成品保护

① 铝合金窗装入洞口临时固定后，应检查四周边框和中间框架是否已用规定的保护胶纸和塑料薄膜封贴包扎好，再进行窗框与墙体之间缝隙的填嵌和洞口墙体表面装饰施工，以防止水泥砂浆、灰水、喷涂材料等污染损坏铝合金窗表面。在室内外湿作业未完成前，不能破坏窗表面的保护材料。

② 应采取防止焊接作业时电焊火花损坏周围的铝合金窗型材、玻璃等材料的防护措施。

③ 严禁在安装好的铝合金窗上安放脚手架，悬挂重物。经常出入的门洞口，应及时保护好框，严禁施工人员踩踏铝合金窗，严禁施工人员碰擦铝合金窗。

④ 交工前撕去保护胶纸时，要轻轻剥离，不得划破、剥花铝合金表面氧化膜。

2. 铝合金平开窗的制作与安装

铝合金平开窗具有开启面积大，通风好，密封性好，隔声、保温、抗渗性能优良等优点。但也存在窗幅小、视野不开阔等缺点。铝合金平开窗分为内开式和外开式两种。外开窗开启时要占用墙外的一块空间，刮大风时易受损。而内开窗要占去室内的部分空间，使用纱窗也不方便，开窗时使用纱窗、窗帘等也不方便，如质量不过关，还可能渗雨。为保证铝合金平开窗的质量，应重视其加工制作和安装的相关问题。

（1）铝合金平开窗的制作

铝合金平开窗的构造组成包括窗框、窗扇、玻璃、五金件以及连接件等，见图 6-5。其中，窗框部分包括用于窗框四周的框边型材，以及用于窗框中间的工字形窗料型材；窗扇部分包括窗扇框料、玻璃压条，以及密封玻璃用的橡胶压条；平开窗五金件主要包括窗扇拉手、风撑和窗扇扣紧件；窗框及窗扇的连接件有厚 2mm 左右的铝角型材，以及 M4×15mm 的自攻螺钉；窗扇玻璃通常采用 3mm 厚的玻璃或中空玻璃。

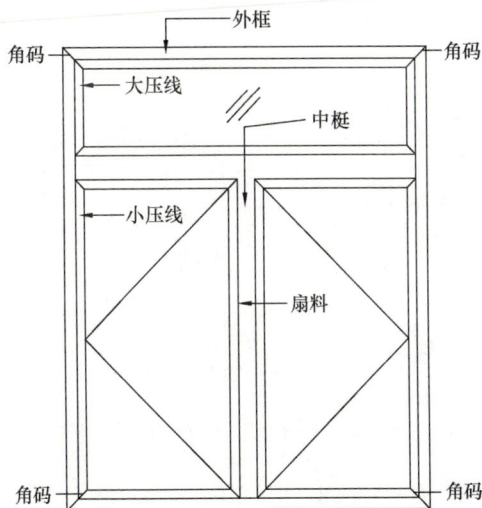

图 6-5　铝合金平开窗基本构造图

铝合金平开窗的加工制作流程主要包括：下料－剔毛刺—校直—冲孔、铣榫、铣槽—装铝角配件—组装框扇—装玻璃—检验、包装入库。

1）下料计算

平开窗的下料计算应注意型材的断面尺寸（图 6-6、图 6-7），窗型的结构特点、插接量以及框扇搭接量，配件的装配间隙。下面将以 50 系列的铝合金平开窗为例，介绍其下料计算。

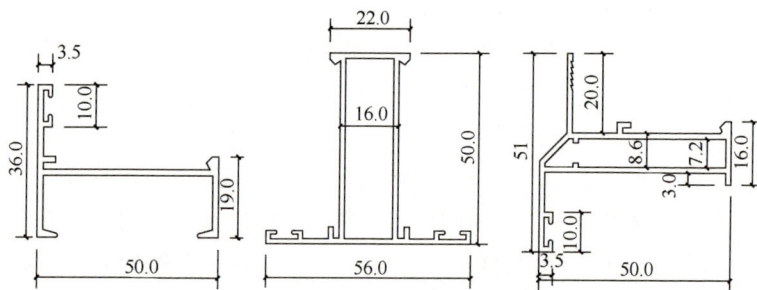

图 6-6　铝合金平开窗型材断面图

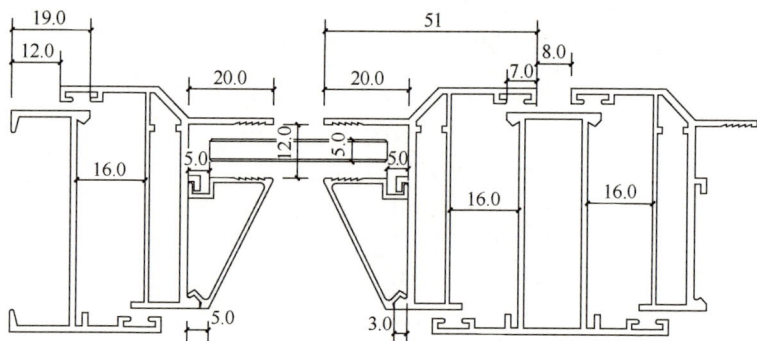

图 6-7　铝合金平开窗横断面图

① 外框横：$B-19\times2+3\times2+4\times2=B-24$

② 外框竖：H

③ 中竖梃：$B-19\times2+3\times2+4\times2=B-24$

④ 中横梃：$H_1-19+3+4-22/2+3=H_1-20$

　　　　$H_2-22/2+3-22/2+3-3=H_1-19$

$H-19\times2+3\times2+4\times2=H-24$

⑤ 扇料（窗玉）横：单开：$B-19-19+6\times2=B-26$

单侧单开：$B-19-11+6\times2=B-18$

双开：$(B-19-19-22)/2+6\times2=B/2-18$

三开：$(B-19-19-22-22)/3+6\times2=\text{INT}\left[(B-82)/3+12\right]$

⑥ 扇料（窗玉）竖：$H-19-19+7\times2=H-24$

$H_1-19-11+7\times2=H_1-16$

⑦ 扣条：包括扇玻用扣条和固玻用扣条。一般设计成竖到头，直角下料；横料切角（切角下料可先采用直角下料，然后再在冲模上切角）。

大扣条：

直角下料：外框处-19；中工处缝中-11；实际下料可再减 1mm。

切角下料：外框处$-19-2$；中工处缝中$-11-2$；实际下料可再减 2～3mm。

小扣条：扇横料长（切角）$-51-51+20+20-3\times2-2\times2-3=$扇横$-75$

扇竖料长（直角）$-51-51+20+20-3\times2-1=$扇竖-69

⑧ 玻璃尺寸计算：（玻璃留缝每边 4mm）

固定玻璃：外框处$-19-2$；中工处缝中$-11-2$

扇玻璃横：扇横$-51-51+20\times2-4\times2=$扇横$-70$

扇玻璃竖：扇竖$-51-51+20\times2-4\times2=$扇竖$-70$

2）加工要点

铝合金平开窗的加工制作要点，在很多方面与铝合金推拉窗是相同的，此处主要列举不同的要点。

① 间隙

五金配件间的安装间隙 16.1mm$-$11mm$=$5.1mm。50 系列平开窗框扇搭接量为宽度 14mm；高度 15mm。

② 组角方式

平开窗外框和中梃基本上是按垂直插接的方式组角的，并满足以下要求：

A. 外框和外框冲孔插接。

B. 外框和中梃冲孔插接。

C. 外框和外框自攻螺钉连接（不配铝角，外框横要有螺钉位）。

D. 外框和中梃自攻螺钉连接（配普通铝角和专用铝角）。

E. 中梃和中梃自攻螺钉连接（配普通铝角和专用铝角）。

③ 组装（含五金配件安装）

端部的铝角码安装不需要划线，分格处的铝角码安装，必须划线后再装铝角。划线时要表明铝角码的安装方向。端部钻孔用靠模安装。密封胶条要焊接，使用专用的电烙铁。50 系列平开窗的外框和内扇框上安装的胶条需要 45°切角后使用电烙铁热熔焊接。

④ 组扇

50 系列平开窗需要通过组角机组角后对窗框做出校正和检验，然后再统一装玻璃。装玻璃时要分清左右扇以及上下方向。在扇玻璃的下方必须在玻璃和扇框之间垫硬质橡胶垫，避免玻璃与扇框直接接触。校正和检验的工作内容包括：

A. 平面度。看是否有翘曲现象。

B. 对角线长度差。一般不超过 2mm。

C. 45°组角的对缝情况。是否见光；缝的大小。端面可涂拭玻璃胶。

D. 同一平面内的高低差。校正工具为橡胶锤。

⑤ 检验

检验的过程应该贯穿整个生产过程。检验方式有首检、自检、抽检、巡检。检验内容：对每道工序检验、半成品检验、成品检验、表面质量检验、包装质量检验。

出厂产品要做出标识：产品名称、出厂合格证、规格、供货单位（所属工程）、批量、生产日期。检验员签字或盖检验章

（检验工号，检验员代码）。

⑥ 入库

A. 入库登记。

B. 入库堆放（成品堆放）要求：垫 100mm 高的木方；通风干燥处堆放，严禁与酸、碱、盐类物质接触并防止雨水进入；竖放，不允许水平堆放，立放角度不小于 70°。

3）加工质量要求

铝合金平开窗的加工质量要求，除了要满足相关标准要求外，还应满足以下要求。

① 铝合金平开窗窗框制作时，上窗边框直接取之于窗边框，在整个窗边上部大约 1mm 位置，横加一条窗工字料，构成上窗框架；窗框加工尺寸应比预留洞口小 20～30mm，窗框四角按 45°角对接，横框工字料按窗框宽截取，竖窗工字料按窗扇高加 20mm 左右的榫头尺寸截取。

② 铝合金平开窗横窗工字料与竖窗工字料连接前，应先在横窗工字料的长度中间处开一个长条形榫眼孔，其长度 20mm 左右，宽度略大于工字料壁厚。竖窗工字料的端头应先裁出凸字形榫头，榫头长 8～10mm，宽度比榫眼长度大 0.5～1mm，并在榫头顶端中间开一个 5mm 深的槽口。裁切横窗工字料上相对的榫肩部分，要用细锉将其修平整。榫头、榫眼、榫肩三者之间的尺寸应准确，加工要细致。

③ 平开窗关闭时应采用多锁点，否则在负压差作用下气密性将大大降低，考虑到操作便利性，最好使用多点执手锁或传动器。

④ 平开窗滑撑的长度一般为窗扇宽的 2/3，如窗扇较轻可为 1/2，上悬窗的滑撑长度一般为窗扇的 1/2。

⑤ 台风地区及高层建筑外开窗，窗扇建议采用滑撑安装，不用或少用合页。

4）成品保护

铝合金平开窗的成品保护要求，与铝合金推拉窗的成品保护要求基本一致，此处不再赘述。

（2）铝合金平开窗安装

1）施工准备

① 施工常用工具的准备

常用工具为铝合金切割机、手电钻、九圆锉刀、R20 半圆锉刀、十字旋具、划针、铁脚圆规、钢尺、铁角尺等。

② 铝合金平开窗施工前的主要工作有：复核查验窗的尺寸、样式和数量，检查铝合金型材的规格与数量，检查铝窗五金附件的规格数量。

2）安装工艺流程

① 工艺流程

弹线找规矩—窗洞口处理—窗洞口内埋设连接铁件—铝合金窗拆包检查—按图纸编号运至安装地点—检查铝合金保护膜—铝合金窗安装—窗口四周嵌缝、填保温材料—清理—安装五金配件—安装窗密封条—质量检验—纱扇安装。

② 安装注意事项

A. 弹线找规矩

在最高层找出窗口边线，用大线坠将窗口边线下引，并在每层窗口处画线标记，对个别不直的口边应剔凿处理。高层建筑可用经纬仪找垂直线。

窗口的水平位置应以楼层 50 水平线为准，往上翻，量出窗下皮标高，弹线找直，每层窗下皮（若标高相同）则应在同一水平线上。

B. 墙厚方向的安装位置

根据外墙大样图及窗台板的宽度，确定铝合金窗在墙厚方向的安装位置。如外墙厚度有偏差时，原则上应以同一房间窗台板外露尺寸一致为准，窗台板应伸入铝合金窗的窗下 5mm 为宜。

C. 安装铝合金窗拔水

按设计要求将拔水条固定在铝合金窗上，应保证安装位置正确、牢固。

D. 防腐处理

窗框两侧的防腐处理应按设计要求进行。如设计无要求时，可涂刷防腐材料，如橡胶型防腐涂料或聚丙烯树脂保护装饰膜，也可粘贴塑料薄膜进行保护，避免填缝水泥砂浆直接与铝合金窗表面接触，产生电化学反应，腐蚀铝合金窗。

铝合金窗安装时若采用连接铁件固定，铁件应进行防腐处理，连接件最好选用不锈钢件。

E. 就位和临时固定

根据已放好的安装位置线安装，并将其吊正找直，无问题后方可用木楔临时固定。铝合金窗与墙体固定有三种方法：沿窗框外墙用电锤打 $\phi6$ 孔（深 60mm），并用 $\phi6$ 钢筋（40mm×60mm）与建筑胶水泥浆，打入孔中，待水泥浆终凝后，再将铁脚与预埋钢筋焊牢；连接铁件与预埋钢板或剔出的结构箍筋焊牢；混凝土墙体可用射钉枪将铁脚与墙体固定。

F. 窗扇及窗玻璃的安装

窗扇和窗玻璃应在洞口墙体表面装饰完工验收后安装。平开窗应在框与扇格架组装上墙、安装固定好后再安玻璃，即先调整好框与扇的缝隙，再将玻璃安入扇并调整好位置，最后镶嵌密封条及密封胶。

G. 安装五金配件

五金配件与窗连接用镀锌螺钉。安装的五金配件应结实牢固，使用灵活。

H. 发泡剂、密封胶也是施工控制的重点

铝合金窗外框安装完成后，铝合金窗安装人员开始由室外往室内向框体四周缝隙顺延注打发泡剂，操作前应先清理土建洞口台面及两侧垃圾、尘土、水泥渣块，用皮老虎风箱吹去灰尘（如框体四周缝隙大于 15mm，则应抹灰找齐，使框体四周缝隙小于等于 15mm）。打发泡剂时，发泡剂打过 10min 后用手按平（与窗框平），室外一侧打第一遍密封胶。洞口抹灰完成后，窗框内侧打密封胶，室外打第二遍密封胶。打密封胶时应注意周边保护

（用胶粘带盖住窗框及墙面，在密封胶表干时，再撕掉），接槎顺直，平滑有弧度。

3）质量标准

铝合金平开窗的安装质量标准与铝合金推拉窗的安装质量标准基本一致。但还应注意以下问题。

① 安装平开窗内扇前，所有拼接缝隙用玻璃密封胶密封，胶应填实、平顺、不得堆积；下滑螺栓固定的部位，应用密封胶密封；滑撑螺栓（不锈钢螺栓）应打满。

② 平开窗的合页（或滑撑窗摩擦铰链）、执手、框扇间的密封胶条是保证平开窗质量最为重要的配件。合页（或滑撑窗的摩擦铰链）的承载能力是关系到窗的安全和启闭是否顺畅的关键所在，合页的承载能力强于摩擦铰链，所以合页可在制作分格较大的窗扇时使用，摩擦铰链只适用于分格较小的窗或上悬窗。窗扇宽大于等于700mm，高大于等于1600mm时，定位块应定位，开启应小于90°。合页关启应先把窗扇嵌入框内临时固定，调整合适后，再将窗固定在合页上，必须保证上、下两个转动部分在同一轴线上。

③ 执手是关系到门窗安全和密封性能的重要配件，普通执手只适用于分格和荷载都较小的窗扇，欧式（装修效果图）多点执手适用于分格和荷载都较大的窗扇。框扇间的密封胶条是平开门窗气密性和水密性的保证，原生的PVC胶条的密封有效性约5年左右，再生的PVC胶条则不具有密封的有效性，理想的是使用三元乙丙等耐候性好的橡胶。执手一般安装在窗扇中间并要求安装牢固，距离地面一般约为1.5m处，同樘的执手位置高低差小于等于1mm。在关闭时不得碰撞外框。

4）质量通病预防

铝合金平开窗的质量通病，除了铝合金推拉窗中描述的关于窗框的相关质量通病外，还应注意五金配件的质量问题。

① 具体问题

撑挡、插销、执手等材料质量差，表面光洁度、机械性能等低下。

② 原因分析

五金配件的材料质量低劣，不符合国家有关标准的要求；铝合金窗的制作方既无质量保证体系，又无原材料质量检测手段，产品质量达不到国家的质量标准；建设单位不按设计要求选用配件，以次充好。

③ 预防措施

购置、选用铝合金窗五金配件时，要保证其符合相关质量标准；安装可靠牢固；其机械性能应符合设计和有关标准要求。

5）成品保护

铝合金平开窗与推拉窗的成品保护要求是一致的。另外，还应注意以下特殊情况以及相关的保养问题。

① 沿海地区由于风雨中所含的盐碱量比较大，部分地区存在使用国家标准严禁使用的未经淡化处理过的海沙的情况，如果铝合金门窗的腐蚀问题比较严重，应予以特别的重视。

② 维护和保养

A. 铝合金窗可用软布配合清水或中性洗涤剂清洗，不要用普通肥皂和洗衣粉，更不能用去污粉、洗厕精等强酸碱的清洁剂。

B. 雨天过后，应及时抹干淋湿的玻璃和窗框，特别注意抹干滑槽积水。滑槽用久，摩擦力增加，可加少许机油或涂一层火蜡油。

C. 应经常检查铝合金框架的连接部位，及时旋紧螺栓，更换已受损的零件。定位轴销、风撑、地弹簧等铝合金窗的易损部位，要时常检查，定期加润滑油保持干净、灵活。

D. 密封毛条和玻璃胶封是保证窗密封保温的关键结构，如有脱落要及时修补、更换。

E. 经常检查铝合金框墙体结合处，如有松动极易使框架整体变形，使窗无法关闭、密封。所以连接处的螺栓若松动应立即紧固，如螺栓基脚松动，应用环氧强力胶水调少量水泥封固。

（二）卷帘门的安装

1. 施工准备

（1）施工作业的技术条件

1）对门洞口尺寸进行现场实测，复核卷帘门的各部分尺寸，并翻样订货。

2）按图纸核对卷帘门的规格、型号等，确定安装方式和周边收口做法。

3）熟悉卷帘门的安装图纸，检查卷帘门的预埋线路是否到位，依据施工技术和安全交底规范做好施工准备。

（2）施工作业的工艺条件

1）结构工程验收合格，工种之间办好交接手续。

2）必须检查产品的基本尺寸与门窗口的尺寸是否相符，导轨、支架的数量是否正确。

3）已按图纸尺寸要求弹好门口的中线和标高控制线，并经预验合格。

4）结构表面的找平层必须完成，强度、平整度符合要求。

5）门与结构之间的预埋件、连接铁件的位置、数量，经检查符合要求；对未埋设预埋件、连接铁件或位置不准者，应按卷帘门安装要求进行补齐调整，并验收合格。

6）卷帘门规格、型号、尺寸和质量等经检验合格。

（3）施工作业的材料条件

1）符合设计要求的卷帘门产品。

2）钢板、膨胀螺栓、焊条等应有出厂合格证和检测报告。

3）不论何种卷帘门均由工厂制作成成品，运到现场安装。

2. 安装工艺流程

（1）安装工艺流程

确认洞口及产品规格—左右支架安装—卷筒轴—开闭机—空载试车—帘面安装—负荷安装—负荷试车—侧导轨—导轮横梁—

控制箱和按钮盒—行程限位调试—箱体护罩—验收交付。

（2）安装要点

1）安装前确认洞口及产品规格，依据安装任务单和报批确认的卷帘安装图检查测量建筑物洞口尺寸、标高以及卷帘产品规格、尺寸、型号，确认正确的安装位置。

2）划线确认建筑洞口及卷帘产品和开闭机左或右安装要求无误后，安装施工人员应首先以建筑物标高线为准划线。

① 划出建筑洞口宽度方向中心线。

② 划出左右支架中心卷筒轴中心的标高位置线。

③ 左右支架宽度方向固定位置线划线后依据卷帘门安装图，对所划线位置进行检验，验证其精度允差不大于3mm。

（3）安装左右支架的步骤

1）根据安装图纸确认安装形式，如墙侧安装、墙中安装等。

2）清理并找平大小支架与建筑物（墙体、柱、梁）的安装基准面。

当安装形式为墙侧安装时：

① 建筑有预埋件（钢板）时应在清理安装基准面后，检查校对预埋件尺寸及形状位置是否与安装图设计相符合，符合设计要求时，则以此为大小支架安装的基准面。

② 建筑没有预埋件或有预埋件但不符合安装技术要求时，应增设厚度等于或大于大小支架钢板厚度的钢板垫板。依据划线位置用安全适用的膨胀螺栓固定于安装基准位置，膨胀螺栓不少于4个，且其安全系数不小于防火卷帘总重量的5倍。安装基准面应垂直于大小支架。

当安装形式为墙中安装时：

① 建筑没有预埋件时，应在清理安装基准面后，检查校对预埋件尺寸及形状位置是否与安装图纸设计相符，符合设计要求时，则以此为大小支架安装的基准面。

② 建筑有预埋件，且安装基准面表面平整，尺寸能达到安装要求时可直接作为支架的安装基准面。

③ 当支架安装基准面在建筑结构侧面和柱子表面时，结构侧表面应设预埋件，并用安全适用的膨胀螺栓固定。若柱中表面及位置达到安装要求，则以此两表面作为大小支架的安装基准面。

3）安装左右支架

① 检查左右支架质量是否有缺陷（轴承润滑及安全止动装置可靠性），并划出支架中心线，准备安装。

② 有预埋件时，将支架施焊预埋件上。施焊前应首先点焊数点，经调整形状位置无误后，再实施焊接。墙侧安装时支架角刚上下两端为连续焊接，焊缝高度为 6mm，角钢两侧分三段（上、中、下）断续焊接。每段焊缝长为 60mm，焊缝高为 6mm。不得虚焊、夹渣。焊后应除渣，并涂防锈漆。支架应垂直于安装基准面。

③ 无预埋件时，采用安全适用的膨胀螺栓，不少于 4 件，将两支架固定于安装基准面上，膨胀螺栓总抗剪安全系数不小于卷帘总重量的 4 倍（安装基准面混凝土标号大于等于 150）。

④ 要求：墙侧装支架表面应垂直于安装基准面，墙中间安装时其文架轴头中心线垂直于安装基准面。安装后，左右两支架轴头（轴承）中心应同轴，其不同轴度在全长范围内不大于 2mm。当采用钢质膨胀螺栓时，其胀栓的最小埋入深度应符合规定。当卷帘自重超大时，可采用焊接加固以保证支架的安装安全可靠、运行稳定。凡焊接处应无虚焊、夹渣，焊后应除渣，并做防锈处理。

4）卷筒轴的安装

① 安装前应检查卷筒轴轴头焊接、卷轴直线度，以及首板固定位置与卷轴轴向是否平行。

② 检查无误后，使用相应的安全起重工具进行吊装并与左右支架装配固定。

③ 卷筒轴安装后应检验确认其水平度，水平度在全长范围内不大于 2mm。

5）开闭机安装

① 准备

A. 开箱，依照装箱单清点产品零部件是否齐全，如有误应封存并及时报告处理。

B. 空载试运行。开闭机运转状态不应有异声，停机制动灵敏、可靠。并调整限位滑块位置。接线相序应避免与安装后相序不同，也应接地保护。

C. 识别开闭机左、右安装方向，手动链条出口处必须与地面垂直。

② 安装及要求

A. 用配套规定的螺栓将开闭机安装于传动支架上，并连接套筒滚子链。

B. 开闭机轴线应平行于卷筒轴中心线，手动链条出口应垂直于地面；两链轮轮宽的对称平面应在同一平面内，并且两链轮轴线应平行；链条松边下垂度不大于 6mm；链条安装后应采用 HJ-50 机械油或用钙基润滑脂润滑。

6）空载试车

① 开闭机安装后，采用零时电源，接通电器控制箱及开闭机，实施空载试车。注意开闭机的接线相序，应与交付时的接线相序一致。

② 空载电动试运行前，应首先使用开闭机的手动拉链，拉动试运行，无误方可进行电机试运行。

③ 观察运行中支架、卷筒轴运转是否灵活可靠、稳定、有无异常，卷筒轴在运行中其径向跳动量不大于 10mm。

7）帘面安装

① 准备开卷检查帘面（钢质、无机布）是否因储存、运输等因素造成产品变形损坏。并检查首板、末尾板、帘板、无机布帘面的直线度、外表质量等。

② 首板、帘面和末尾板。

A. 首板长度方向应与卷筒轴中心线平行，并用规定规格的螺钉固定于卷筒轴上。

B. 帘面安装后，应平直，两边垂直于地面。经调整后，上下运行不得歪斜偏移，且帘面的不平直度不大于空口高度的1/300。

C. 具有防风钩的帘面，其防风钩的方向，应与侧导轨凹槽相一致。

D. 末尾板（座板）与地面平行，接触应均匀，保证帘面上升、下降顺畅，并保证帘面具有适当的悬垂度和自重下降，双帘应同步运行。

E. 无机帘面不允许有错位、缺角、挖补、倾斜、跳线、断线、色差等缺陷。

8）帘面安装调整无误后，即进行导轨的安装，其要求应满足：

① 防火卷帘帘面嵌入导轨深度符合国家相关规定。

② 导轨顶部应成圆弧形，其长度超过洞口 75mm。

③ 导轨现场安装应牢固，预埋钢件与导轨连接间距不得大于 600mm。

④ 安装后，导轨应垂直于地面。其不垂直度每米不得大于 5mm，全长不超过 201mm。

⑤ 焊接后，焊缝应除渣，并做防锈处理。

⑥ 导轨安装后，保证洞口净宽符合规定。

⑦ 帘面在导轨上的运行应顺畅平稳，不允许有卡阻、冲击现象。

9）控制器和按钮盒的安装、接线、调试（详见控制器使用说明书）：

① 安装前开箱检查控制箱外壳，查看器件在储存、运输时是否造成意外损失、松脱，确认一切正常后方可安装。

② 安装时应保证电控箱在垂直位置，其倾斜度不超过 5%，固定平稳可靠。

③ 接线前查看端子接线图，了解每个接线端的作用及接线

要求，以正确接线，当控制器有绝缘要求时，外部带电端子与机壳之间电阻值不小于 1MΩ。绝缘电阻符合规定方可进行通电调试工作。

④ 接通电源，检查验证三相电源相序正确与否。

⑤ 接通电源后，进行功能设定，确定一步降或两步降，并确定与消防控制中心联动的输入信号类型及信号数量和状态信号的反馈。

10）行程限位调试

① 按动按钮上升或下降键，检查卷帘的运行方向是否与其对应并确认。

② 调试限位器前应用拉链使帘面处于适当位置后，反复调试限位器的限位滑块位置至理想状态，并紧固螺钉。设置为两步降时，将中位调试至适宜的疏散高度，并锁定位置。

11）安装箱体保护罩，箱体的安装按设计要求实施。各连接接点应平齐，安全可靠，外观平整，线条流畅。

12）负荷试车及调试

首先用手动运行，再电动运行数次。观察判断运行状态，并做相应的调整，直至运行无卡死、阻滞、限位不准及异常噪声，卷帘运行顺畅为止。无误后，检测开闭机手动速放功能的可靠性。

3. 质量标准

（1）卷帘门的质量和各项性能以及品种、类型、规格、颜色、尺寸、安装位置及防腐处理应符合设计要求。表面应平整洁净，无返锈、划痕、碰伤。

（2）卷帘门的机械装置、自动装置或智能化装置的功能应符合设计要求和有关标准的规定。

（3）卷帘门的安装必须牢固，预埋铁件的数量、位置、埋设方式、与框的连接方式必须符合设计要求。

（4）卷帘门的配件应齐全，位置应正确，安装应牢固，功能应满足使用要求及各项性能要求。

（5）页片嵌入导轨的深度见表6-3。

页片嵌入导轨的深度（mm） 表 6-3

卷帘门内宽	每端嵌入深度
≤1800	≥20
>180～3000	≥30

（6）卷帘门安装的允许偏差和检验方法见表6-4。

卷帘门安装的允许偏差和检验方法 表 6-4

项目		允许偏差（mm）		检验方法
		国标	企标	
导轨垂直度	正面	—	2	用1m垂直测量尺检查
	侧面	—	2	
导轨平行度		—	2	用钢尺检查
卷轴水平度		—	4	用1m水平尺和塞尺检查
卷轴与导轨面平行度		—	3	用钢尺检查

4. 质量通病预防

（1）电动机不动或转速慢

1）原因

一般是由线路断路、电机烧损、停止按钮没复位、限位开关动作、负载较大等引起。

2）措施

检查线路并接通；更换烧损电机；更换按钮或重复按动几次；拨动限位开关滑块使它脱离微动开关触点，并调整微动开关位置；检查机械部分有无卡阻，若有则消除卡阻，清理障碍物。

（2）控制失效故障发生的部位

1）原因

继电器（接触器）触点粘死；行程微动开关失效或触片变形；滑块紧定螺钉松，靠板螺钉松使靠板移位，使滑块或螺母不能随丝杆转动而移动；限位器传动齿轮破损；按钮上、下键卡死。

2）措施

更换继电器（接触器）；更换微动开关或触片；紧定滑块螺钉并使靠板复位；更换限位器传动齿轮；更换按钮。

（3）手拉链不动故障

1）原因

环形链条堵住十字槽；棘爪脱离棘轮；压链架卡死。

2）措施

理顺环形链条；调整棘爪与压链架相对位置；更换或润滑销轴。

（4）电机振动或噪声较大故障

1）原因

刹车盘不平衡或断裂；刹车盘无紧固；轴承失油或失效；齿轮啮合不顺、失油或磨损严重；电机电流声或振动。

2）措施

更换刹车盘或重新调整平衡；紧固刹车盘螺母；更换轴承；修配电机轴输出端齿轮、润滑或更换；检查电机，如电机坏损则更换。

（5）电动卷帘门的支位偏差

1）原因

安装放线定位出现偏差，安装出现偏差。

2）措施

认真核对支架位置，安装后检查，确保误差符合要求。

（6）导轨安装误差较大

1）原因

安装过程操作控制不严。

2）措施

导轨安装时，必须调好垂直度和两轨的平行度；卷轴安装必须保证水平，卷轴中心与两轨中心一致，卷轴中心线与两轨道平面平行；卷帘门安装后做好启闭试验，防止因安装偏差过大导致卷帘门启闭不灵活、不顺畅。

（7）卷片安装后有变形、表面不平和返锈现象

1）原因

安装中出现硬敲，没有做好防锈处理。

2）措施

帘片调整找平时不得硬敲，补焊、切割后应认真进行处理，补刷防锈漆。

5. 成品保护

（1）卷帘门进场后，应存放在指定地点，严防乱堆乱放，造成变形、划伤表面和生锈。

（2）设备运输时应轻拿轻放，并采取保护措施，避免挤压、磕碰，防止变形、损坏。

（3）电焊作业时，采取保护措施，防止电焊火花损坏卷帘门及周边成品。

（4）卷帘门帘布进场时全部用包装布包装。

（5）帘布在调整后应将门体全部卷起，调试前应清理地面，保证地面无硬物，以免帘布下落时碰撞，导致底扣板末尾板变形。

（6）电器部分安装调试完毕后，控制箱、按钮盒应锁住，以免人为损坏，正式验收后一次性交付给使用单位。

（7）导轨应焊接牢固，严格按照技术要求安装，对通道部分的侧导轨，为了防止过往车辆碰撞变形，经使用单位同意后可缓装，其他部位的侧导轨应经常派人巡查，以免人为损坏。

（三）金属栏杆的制作与安装

1. 点式玻璃栏杆的制作与安装

（1）施工准备

1）技术准备

设计图纸已确认完毕，现场尺寸核对完毕，样板段已经过验

收确认，如需高处作业，脚手架（或龙门架）按施工要求搭设完成，并满足国家安全规范相关要求。施工前应充分熟悉图纸和现场施工情况，施工人员必须接受管理人员关于玻璃栏杆工程施工工艺的书面安全技术交底。

2）材料准备

根据施工图纸和设计要求，采购工程所需各种原材料（图6-8）。确定材料符合图纸设计要求无误后，才可进入加工车间加工制作，确保不合格材料不得使用。

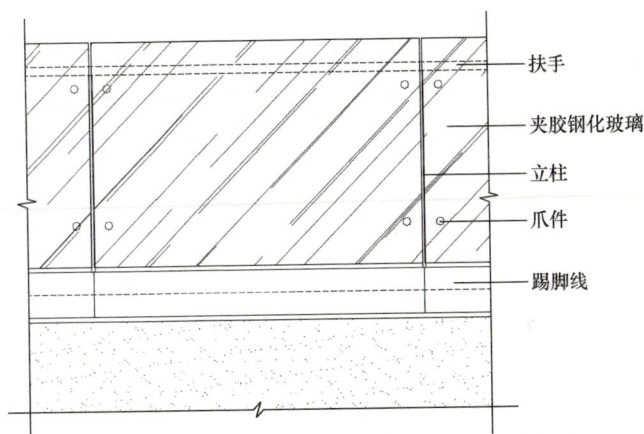

图6-8　点式玻璃栏杆立面图

主要涉及材料及构件：预埋件、膨胀螺栓、立柱、不锈钢爪件、U形钢槽、玻璃、扶手、玻璃胶、垫块等。

3）机具准备

冲击钻、手电钻、切割机、手磨机、卷尺、电焊机、氩弧焊机等。

（2）工艺流程

放线—预埋件安装—立柱安装—爪件安装—扶手安装—踢脚线安装—玻璃安装。

1）放线：根据设计图纸栏杆的位置、标高弹好控制线；然后根据立柱的点位分布图弹好立柱分布线。

2）预埋件安装：根据立柱分布线，用膨胀螺栓将预埋件安装在混凝土地面上（图6-9）。

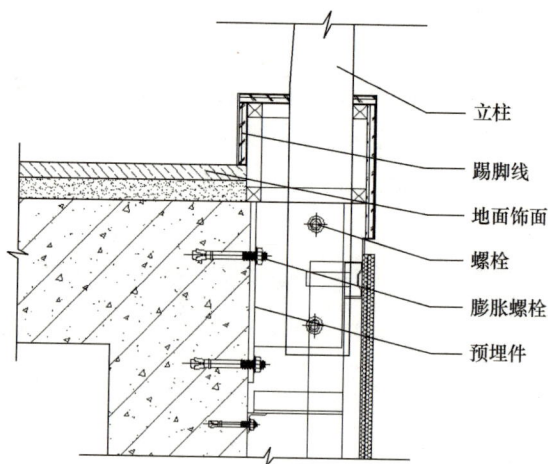

图6-9　预埋件大样图

3）立柱安装：立柱用螺栓固定在预埋件上，调整好立柱的水平、垂直以及立柱与立柱之间的间距后，拧紧螺栓。

4）爪件安装：爪件用螺栓固定在立柱上，调整好爪件之间水平、垂直以及爪件之间的间距后（必须保证爪件之间的间距与玻璃上的孔距相等），拧紧螺栓（图6-10）。

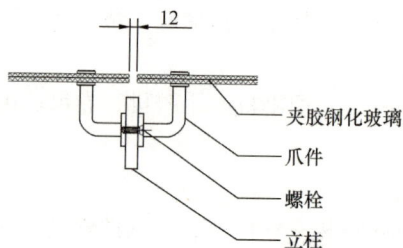

图6-10　爪件大样图

5）扶手安装：立柱与爪件按图纸要求固定后，将扶手固定在立柱上。弯头处按栏板或栏杆顶面的斜度，配好起步弯头。

① 木扶手：可用扶手边料割配弯头，采用割角对缝粘结，在断块割配区段内最少用四个螺钉与支撑固定件连接固定（图6-11）。

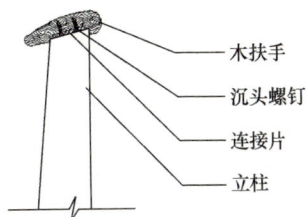

图 6-11　木扶手大样图　　　　图 6-12　金属扶手大样图

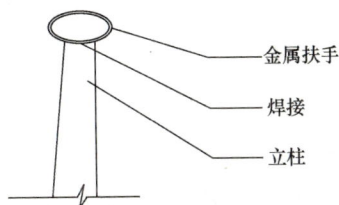

② 金属扶手安装：金属扶手如要接长时，可以拼接，但不应显露接缝痕迹（图6-12）。

③ 石材扶手安装：石材扶手应按设计图纸进行安装，如要接长时，可以在拼接处采用金属套来连接。

6）踢脚线安装：立柱、爪件、扶手安装完毕后将踢脚线按图纸要求安装好。

7）玻璃安装：将玻璃安装在爪件上，水平、垂直方向及玻璃缝调好后，拧紧装饰螺栓。

（3）质量通病预防

1）由于放线不准或安装方法不当导致立柱不垂直，排列不在同一直线上，立柱晃动不牢固。

防治措施：施工时必须精确放线，先用水平尺校正两端基准立柱并固定，然后拉通线按各立柱定位将各立柱固定。立柱与预埋件间要以螺栓固定，方便调节，待确定立杆安装达到标准后，再将螺栓紧固。

2）栏杆接驳处有缝隙。

防治措施：焊接应满焊，严格按操作规程施工；要采用有内衬的套管。

3）玻璃板块间距不一。

防治措施：立柱放线应准确无误，固定玻璃所使用的爪件应采用可调节的爪件，先将玻璃间距离调节无误后再做固定。

（4）成品保护

1）所有出厂的成品、半成品都要用保护带来保护材料表面，避免在运输、安装过程中损伤材料表面。

2）材料运至现场后，需按要求存放在通风避雨的地方，且轻拿轻放。

3）安装好的扶手、立柱及踢脚线应用泡沫塑料等柔软物包好、裹严，防止破坏、划伤表面。

2. 入槽式玻璃栏板

基本构造见图 6-13。

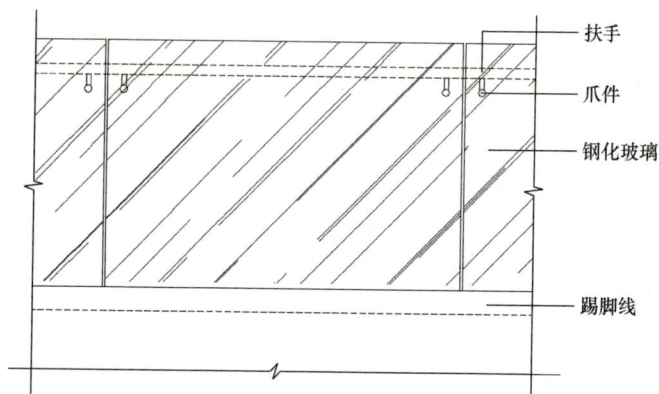

图 6-13　入槽式玻璃栏板立面图

（1）工艺流程

放线—预埋件安装—U 形钢槽安装—垫块安装—玻璃安装—扶手安装—踢脚线安装。

1）放线：根据设计图纸栏杆的位置、标高弹好控制线。

2）预埋件安装：根据 U 形钢槽的位置，用膨胀螺栓将预埋件固定在结构上（图 6-14）。

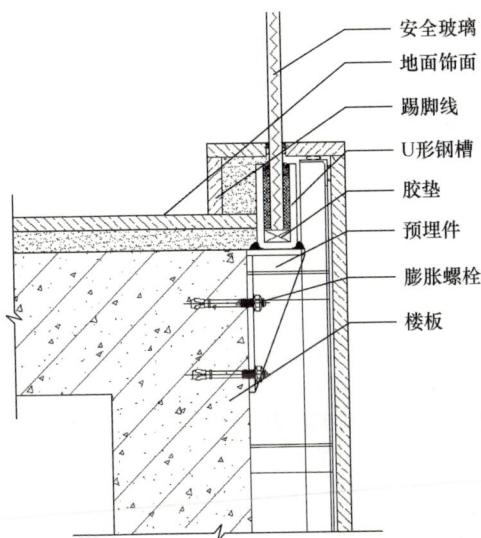

安全玻璃
地面饰面
踢脚线
U形钢槽
胶垫
预埋件
膨胀螺栓
楼板

图 6-14　预埋件大样图

3）U 形钢槽安装：先将 U 形钢槽点焊在预埋件上，待调整好 U 形钢槽的水平、垂直位置后，再满焊在预埋件上。

4）垫块安装：根据玻璃分格，在每块玻璃安装处按设计要求将垫块放入 U 形钢槽内。

5）玻璃安装：将玻璃放入 U 形钢槽内的垫块上，待玻璃调整好水平、垂直高度以及玻璃与玻璃之间的间隙后，进行加固。

6）扶手安装：玻璃按图纸要求安装完后，将扶手固定在玻璃上。弯头处按栏板或栏杆顶面的斜度，配好起步弯头。

①木扶手安装：可用扶手边料割配弯头，采用割角对缝粘结，在断块割配区段内最少用四个螺钉与支撑固定件连接固定（图 6-15）。

②金属扶手安装：金属扶手如要接长时，可以拼接，但不应显露接槎痕迹。

③石材扶手安装：石材扶手如要接长时，可以在拼接处采

用金属套来连接（图 6-16）。

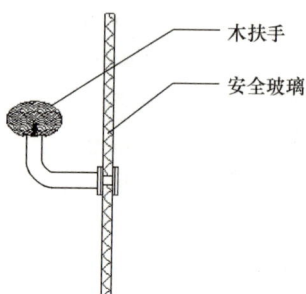

图 6-15　木扶手大样图　　　　图 6-16　石材扶手大样图

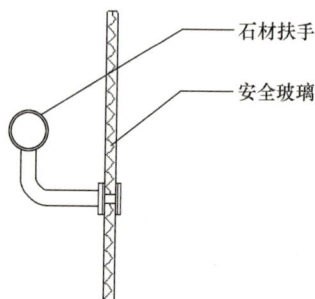

7）踢脚线安装：玻璃、扶手安装完后将踢脚线按图纸要求安装好。

（2）质量通病预防

1）玻璃板面不在同一条直线上。

防治措施：预埋件要调平至设计允许误差范围内，然后将U形槽点焊在预埋件上，经确认U形槽已调平完毕后，再进行满焊加固。

2）栏杆歪斜，且存在晃动。

防治措施：在安装玻璃之前应在U形槽底部设置垫块，垫块应设在玻璃的两端，不应通长设置，以便于调节玻璃平整度。待玻璃板块调整顺直后，应在U形槽内对玻璃进行打胶固定，打胶应注意充实饱满。

（3）成品保护

1）安装好的玻璃护栏应在玻璃表面涂刷醒目的图案或警示标识，避免碰撞。

2）安装好的扶手、立柱及踢脚线等应用泡沫塑料等柔软物包好、裹严，防止破坏、划伤表面。

3. 不锈钢栏杆的制作与安装（图 6-17）

（1）工艺流程

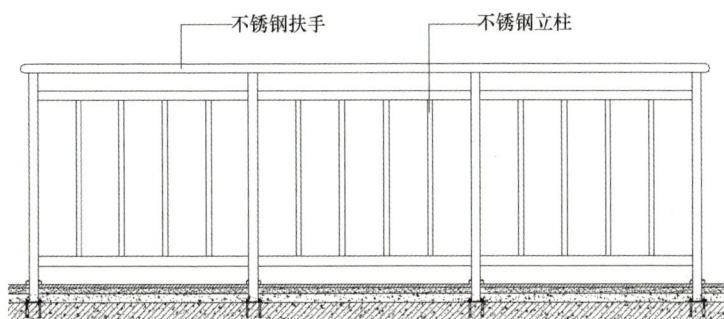

图 6-17　不锈钢栏杆立面图

放线—预埋件安装—栏杆安装—焊接—打磨、抛光—安装盖板。

1) 放线：根据设计图纸栏杆的位置、标高弹好控制线。

2) 预埋件安装：按照图纸设计要求安装栏杆预埋件，预埋件应与不锈钢栏杆配套生产，防止出现尺寸偏差（图 6-18）。

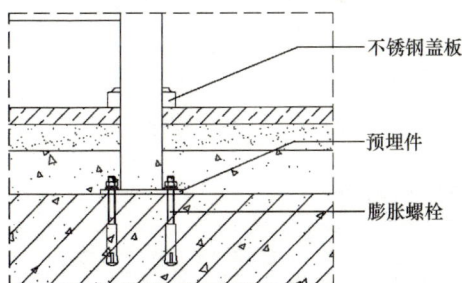

图 6-18　不锈钢栏杆预埋件图

3) 栏杆安装：检查进场的成品不锈钢栏杆是否存在凹陷等加工质量问题，待确认无质量问题后，按设计图纸要求将其固定在预埋件上。

4) 焊接：栏杆焊接前应检查接口、组装间隙是否符合要求，焊接时应选用较细的焊丝和较小的焊接电流。焊接时构件之间的焊点应牢固，焊接应饱满，焊缝金属表面的焊波应均匀，不得有裂纹、夹渣、焊瘤、烧穿、弧坑和针状气孔等缺陷，焊接区不得有飞溅物。

5）打磨、抛光：对于有凹凸渣滓或较大焊珠的焊缝应用角磨机进行打磨，打磨应平整、顺直。打磨完毕后即可进行抛光，表面抛光要先用粗片进行打磨，如表面有砂眼、不平处，可用氩弧焊补焊，大面磨平后，再用细片进行抛光。抛光处的质量效果应与钢管外观一致。

6）不锈钢盖板安装：立杆焊接后，按照立杆的位置，将饰面板开洞后套装在立杆上。开洞大小应保证栏杆的不锈钢盖板能盖严（图 6-19）。

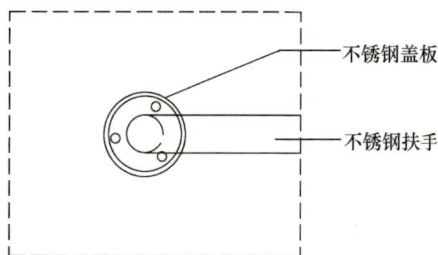

图 6-19　不锈钢栏杆盖板

（2）质量通病预防

1）立柱不稳、栏杆不顺直。

防治措施：预埋件的安装应精准无误，在安装栏杆时应先将栏杆点焊在预埋件上，确保满足设计要求及验收规范后再进行满焊固定。预埋件和栏杆应属于相同厂家且金属材质相同，以免引起化学作用腐蚀栏杆。

2）焊缝裂纹、焊点存在气孔。

防治措施：应选择适合的焊接工艺参数和焊接程序，避免电流过大、温度过高，不得突然熄火。焊接中不得搬动、敲击焊件。焊接部位必须刷洗干净，焊接过程中选择适当的焊接电流，降低焊接速度，使熔池中的气体完全逸出。

（3）成品保护

1）将楼梯栏杆扶手转角部位用珍珠棉包裹，防止运输装修材料时碰伤。用塑料布或珍珠棉满包栏杆。

2）严禁油漆稀释剂、脱漆松香水、二甲苯、草酸等溶液接触金属表面。不得用金属工具铲擦喷塑表面，防止表面产生划痕。应采用干净不褪色的抹布或毛巾擦拭干净。

4. 铁艺栏杆的制作与安装（图 6-20）

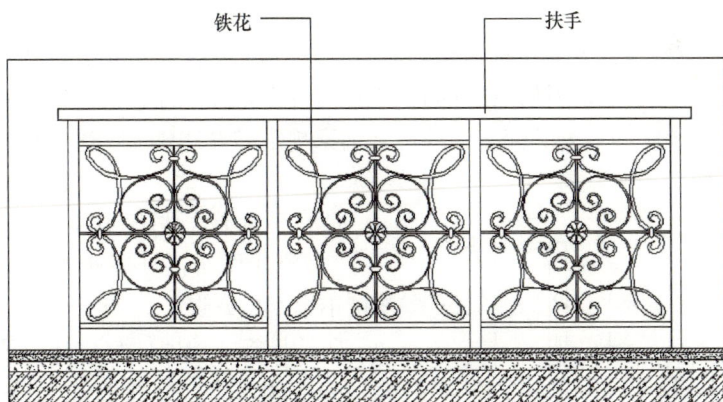

图 6-20　铁艺栏杆立面图

（1）工艺流程

放线—预埋件安装—刷防锈漆—栏杆安装。

1）放线：按照设计要求，将预埋件间距、位置、标高、坡度进行找位校正，弹出栏杆纵向中心线和分格的位置线。

2）预埋件安装：按预埋件放线位置，打孔安装，预埋件用膨胀螺栓固定。铁件的大小、规格尺寸应符合设计要求。检验合格后，焊接立杆（图 6-21）。

3）刷防锈漆：预埋件安装完毕后需要刷两道防锈漆，再进行铁艺栏杆的安装，要求防锈漆涂刷饱满，无空档。

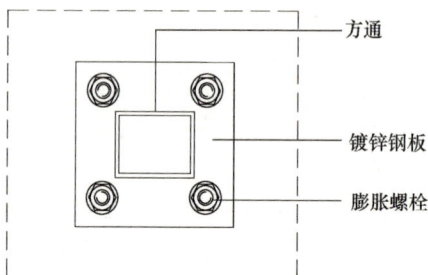

图 6-21　栏杆预埋件图

4）栏杆安装：根据预埋间距、楼梯踏步数量，按照图纸要求将加工完成的铁艺栏杆固定于预埋件上，预埋件、铁艺栏杆安装必须牢固，安装偏差必须符合国家规定和设计要求，达到验收标准（图 6-22）。

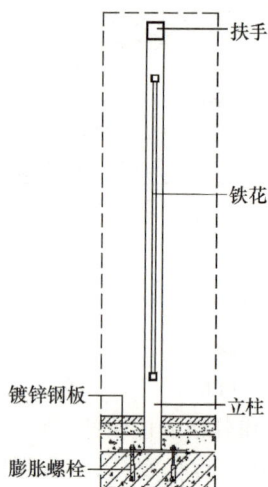

图 6-22　栏杆剖面图

（2）质量通病预防

1）预埋件与栏杆底座安装时连接不紧密、有误差。

防治措施：预埋件与栏杆应选择同一厂家生产，并绘制加工图。安装时应现场复尺，放出预埋件的定位线及完成面线，确保预埋件安装位置准确无误。预埋件安装时应隐蔽在混凝土或水泥砂浆中，不得高于装饰完成面。

2）栏杆固定不牢。

防治措施：固定预埋件的膨胀螺栓应根据设计要求使用，不得使用小型号膨胀螺栓或质量不合格螺栓。栏杆与预埋件的连接以及各种节点的固定应根据设计要求操作。

（3）成品保护

1）栏杆安装完毕后，应采用塑料薄膜全面包裹保护，以保证栏杆漆膜不被损坏。

2）严禁直接踩踏及将脚手板搭设在栏杆上，避免损坏栏杆油漆或造成栏杆变形。

（四）墙面金属板的加工与安装

1. 放线加工

（1）测量放线

1）装饰基准线

装饰基准线是由土建基准线引出的装饰纵向、横向基准线，用于装饰空间控制，它是整个施工阶段的主控线，如图 6-23 所示。

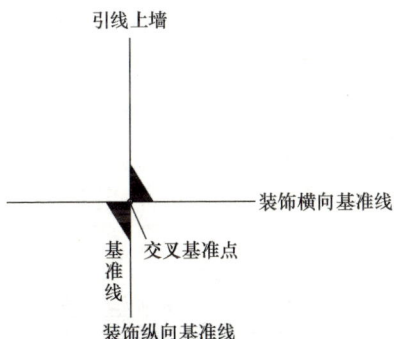

图 6-23　装饰基准线

装饰基准线的测量放线要根据装饰施工图的要求，复核土建基准线是否在允许偏差内。以主基准线为直角坐标系，测设走道、电梯厅及各间十字基准线，将这些线投放到地面、墙面及天棚，并用红漆做好标记，以便在施工中复测。

2）水平线

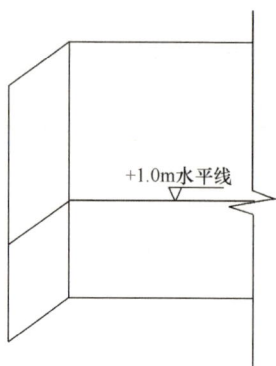

图 6-24　水平线

水平线是由土建方提供的建筑标高水平点，是控制地面标高和吊顶标高或确定空间高度的控制线，如图 6-24 所示。

水平线的测量放线要依据土建方移交并且得到确认的水平点，在施工现场各楼层放出水平线，并且无误差地闭合。

3）装饰完成面线

装饰完成面线是依据装饰基准线，按照装饰施工图布局要求投放的装饰完成面线，用于施工构造控制，确保完成面尺寸能符合空间尺寸标准化、模数化要求。主要包括墙面完成面线、吊顶完成面标高线和地面完成面标高线，如图 6-25 所示。

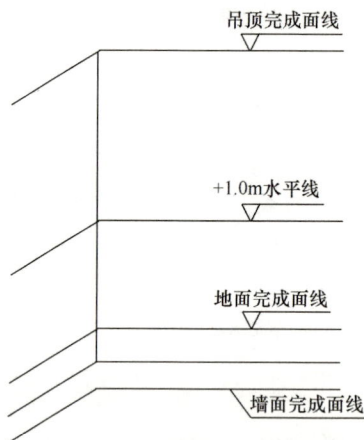

图 6-25　装饰完成面线

4）施工定位线

施工定位线是依据装饰基准线，按照装饰施工图投放的施工定位线，为施工参照、引用、控制、测量、安装等的依据，如图

6-26 所示。墙面施工定位线一般包括：饰面定位线（饰面分界线、饰面排板线）和阴阳角定位线等。

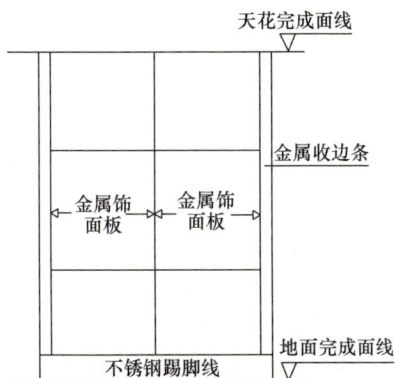

图 6-26　施工定位线（墙面）

在整个放线过程中，用专用基准硬板，在放好的完成线边上正确地做好记号，喷上红色漆，确保在整个施工过程中得到精准的控制。

（2）金属板加工制作

1）金属板材的品种、规格及色泽应符合设计要求；铝合金板材表面氟碳树脂涂层厚度应符合设计要求。

2）金属板材加工允许偏差应符合表 6-5 中的规定。

金属板材加工允许偏差（mm）　　　　　表 6-5

项目		允许偏差
边长	≤2000	±2.0
	>2000	±2.5
对边尺寸	≤2000	≤2.5
	>2000	≤3.0
对角线长度	≤2000	2.5
	>2000	3.0

项目	允许偏差
折弯高度	≤1.0
平面度	≤2/1000
孔的中心距	±1.5

3）单层铝板的加工应符合下列规定：

① 单层铝板折弯加工时，折弯外圆弧半径不应小于板厚的1.5 倍。

② 单层铝板加劲肋的固定可采用电栓钉，但应确保铝板外表面不变形、褪色，固定应牢固。

③ 单层铝板的固定耳子应符合设计要求。

④ 单层铝板构件四周边应采用铆接、螺栓或胶粘与机械连接相结合的形式固定，并应做到构件刚性好，固定牢固。

4）铝塑复合板的加工应符合下列规定：

① 在切割铝塑复合板内层铝板和聚乙烯塑料时，应保留不小于 0.3mm 厚的聚乙烯塑料，并不得划伤外层铝板的内表面。

② 打孔、切口等外露的聚乙烯塑料及角缝，应采用中性硅酮耐候密封胶密封。

③ 在加工过程中铝塑复合板严禁与水接触。

2. 安装

根据金属饰面板固定方式的不同，可分为粘贴（木衬板粘贴）和挂装（龙骨固定面板）两大类。

（1）金属饰面板粘贴

主要以不锈钢饰面板和铝塑饰面板为例说明其安装工艺。

1）施工准备

材料及工具准备：

① 基层板、龙骨及配件应符合设计要求和国家标准。

② 金属饰面板的品种、规格、颜色、性能应符合设计要求，并必须有出厂合格证及相关检验报告。

③ 胶粘剂、嵌缝胶、色料等必须保证质量，胀缩性小，其物理化学性能必须符合环保标准要求。

④ 施工工具使用前应进行安全性和适用性检查。

2）作业条件

① 墙柱基体工程质量验收合格，基体上各专业设备安装管线等已做隐蔽工程验收。

② 结构墙面平整度误差应在 10mm 以内，达不到要求的墙面要进行抹灰修复，直至满足要求。

③ 施工所需的脚手架已经搭设好，符合使用要求和安全规定，并经检验合格。

3）工艺流程

放线—龙骨安装—基层板固定—金属饰面板粘贴—清理。

① 放线

按照设计图纸在墙面、顶面及地面上弹线，标出主龙骨和次龙骨的位置。

② 龙骨安装

A. 主龙骨安装：主龙骨为 38 卡式龙骨，沿墙竖向布置，龙骨间距不大于 600mm。龙骨采用 M8 膨胀螺栓进行固定，并在砌体墙圈梁及结构梁位置处，进行螺栓加固。

B. 次龙骨安装：次龙骨为 U 形 50mm×20mm 龙骨，沿墙横向布置，间距不大于 300mm。

③ 基层板固定

骨架经隐蔽检验合格后开始安装基层板，基层板宜采用埃特板、硅酸钙板等绿色环保板材，从门洞口处开始，无门洞口的墙体由墙的一端开始，用自攻螺钉将基层板固定在龙骨上。下端的基层板不应直接与地面接触，应留有 10mm 缝隙。基层板与结构墙应留有 5mm 的缝隙，用密封胶填实。

④ 金属饰面板粘贴

A. 不锈钢板粘贴

不锈钢饰面板做法见图 6-27。

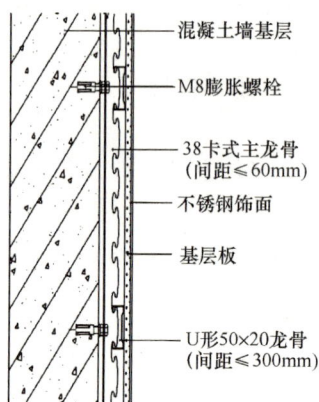

图 6-27 不锈钢饰面板做法

标注:
- 混凝土墙基层
- M8膨胀螺栓
- 38卡式主龙骨（间距≤60mm）
- 不锈钢饰面
- 基层板
- U形50×20龙骨（间距≤300mm）

a. 弹不锈钢板安装线：在基层板上要弹出每块不锈钢板的安装线，水平线和垂直线要呈双线。双线中间为接缝的距离，每根线均为不锈钢板的边线。

b. 胶粘剂配制：胶粘剂按制造商规定的比例进行精确配制，双组分胶粘剂混合后一定要充分搅匀。

c. 涂胶施工：在施工现场施工，一般宜用刷涂法和刮涂法。

d. 晾置和陈放：将胶粘剂涂刷在粘结面上以后，为使胶粘剂易于扩散、浸润、渗透和使溶剂蒸发，宜任其在空气中暴露、静置一段时间。

e. 粘贴不锈钢板：把不锈钢板粘贴在基层板上。

f. 压边、封口：在转角处，一般用不锈钢成型角压边，用少量玻璃胶封口。

B. 铝塑饰面板粘贴

铝塑饰面板做法如图 6-28 所示。

a. 翻样、试拼、裁切、编号：按设计要求弹线，对铝塑板进行翻样、试拼，然后将铝塑板裁切、编号备用。

b. 涂胶：涂胶应在基层表面和罩面板背面同时进行。胶液要根据铝塑板的型号、厚度等条件调配适宜，涂刷要均匀，胶液中要无砂砾等杂物。

c. 粘贴铝塑板：根据设计要求，先在底板面弹出安装需要的水平线及垂直线，弹线分格尺寸要准确清楚。饰面板应颜色一致，并按设计图中纹路的走向及分格尺寸要求在底板面弹出分格线。长度方向需驳接时，纹路应通顺，接头位置尽可能避开底板

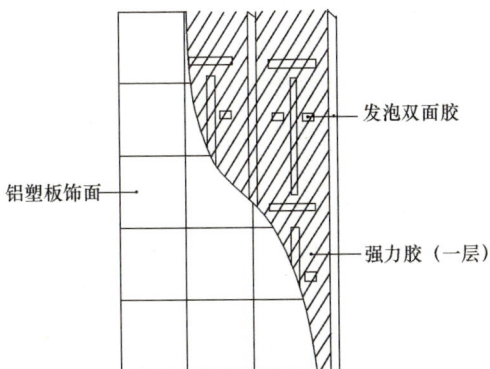

图 6-28　铝塑饰面板做法

的接头位置。

在底板面及饰面板背面，均匀涂刷胶粘剂，将饰面板贴在底板上，再用扁木压条，用气钉枪钉在饰面板上加压固定，待胶粘剂干燥后，再把木压条拆除（要特别注意饰面接缝位置的固定处理），如发现粘胶挤出要立即用湿布擦干净。

d. 嵌缝、打胶：按照设计要求嵌缝、打胶。

⑤ 清理

将金属饰面板表面的保护膜撕除，并擦干净。

4）质量通病预防

① 不锈钢表面有刮痕、凹凸。

预防措施：不锈钢制品在运输、堆放和支架固定时，必须用木板、橡胶板与不锈钢隔离，安装时不能直接用锤击。

② 不锈钢框对角处出现焊穿、断焊、凹凸不平、烧糊等缺陷。

预防措施：不锈钢框的 45°角对缝，尽量在厂家焊接，必须满焊后打磨、抛光。

5）成品保护

① 在施工过程中，拼板时板边的保护膜要撕开一点，施工

完毕后把板边清理干净，将保护膜重新贴好；其他部位的保护膜不得撕开，直至交工验收时再撕开。

② 在施工过程中严禁碰撞或磨、划板材。

③ 在施工完毕后，用层板等材料将装饰柱保护起来，保护高度要在 2m 左右。

（2）金属饰面板挂装

主要以铝合金饰面板和搪瓷钢饰面板安装为例说明其安装工艺。

1）施工准备

① 材料进场时，厂商必须提供产品合格证书、出厂证、性能检测报告。

② 铝合金饰面板的品种、规格和质量应符合设计要求和国家标准。

③ 搪瓷钢板的品种、防腐、规格、形状、平整度、几何尺寸、光洁度、颜色和图案必须符合设计要求。

④ 金属龙骨、膨胀螺栓、连接件及配件等，其材质、品种、规格、质量和防腐处理应符合要求。

⑤ 施工工具使用前应进行安全性和适用性检查。

2）作业条件

① 结构必须经过设计单位、监理方、甲方验收通过，合格后方可进行墙面施工。

② 墙体钢骨架基层内的强、弱电管线、消防水管线等专业管线全部安装完毕。

③ 施工所需的脚手架已经搭设好，符合使用要求和安全规定，并经检验合格。

3）工艺流程

放线—固定连接件—安装钢骨架—挂装金属饰面板—填缝与清洁。

① 放线

A. 清理结构表面，吊直、套方、找规矩，弹出垂直线、水平线、标高控制线。

B. 在墙面上弹出龙骨和金属饰面板的安装位置线。

C. 确定固定连接件的膨胀螺栓安装位置。

② 固定连接件

连接件采用设计要求的膨胀螺栓与结构墙面连接。连接件表面应做防锈、防腐处理，连接焊缝应涂刷防锈漆。

③ 安装钢骨架

A. 钢骨架与结构连接的连接件应牢固、位置准确，钢骨架与连接件的连接及钢架镀锌处理应符合设计要求；钢架制作及焊接质量应符合现行国家标准有关规定。

B. 钢结构龙骨安装完毕后，应进行隐蔽验收，其平整度、垂直度、接缝交叉、坡度焊缝均须符合要求，做好隐蔽检验记录后才能转入下一道工序。

④ 挂装金属面板

A. 铝合金饰面板挂装

铝合金饰面板挂装做法见图 6-29。

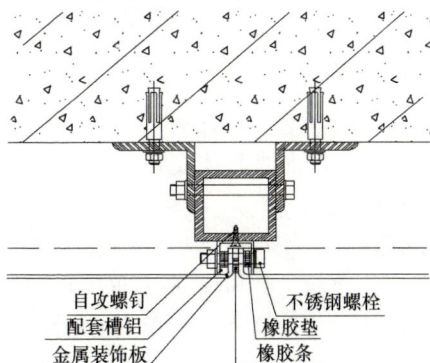

图 6-29　铝合金饰面板墙面详图示意

a. 安装配套槽铝

根据金属饰面板安装位置线，将配套槽铝用自攻螺钉安装在相应的位置。配套槽铝固定后中间采用螺栓固定做金属饰面板挂点。

b. 安装铝合金饰面板

对配套槽铝进行检查、测量、调整无误后挂装金属饰面板。

B. 搪瓷钢板饰面板挂装

搪瓷钢板饰面板挂装做法见图 6-30。

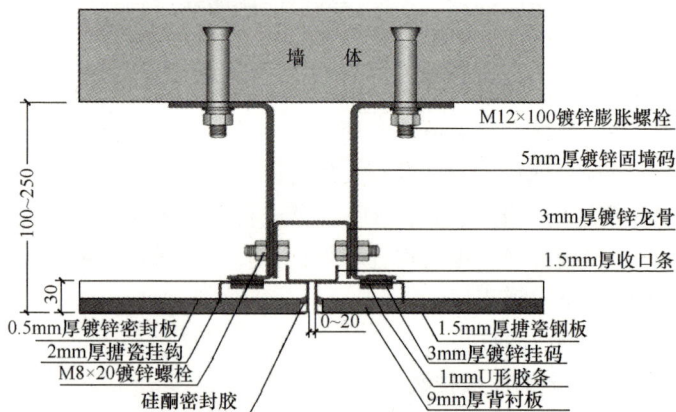

图 6-30　搪瓷钢板饰面板墙面详图示意

a. 挂钩安装

当设计结构是挂钩固定在龙骨上时，可在龙骨安装前将挂钩按标准固定在龙骨上，与龙骨整体安装、调整。安装板材时，则需要再对挂钩进行微调。

b. 搪瓷钢板安装

搪瓷钢板在安装之前，必须根据设计图纸在现场实测分格排板，并确定每块板的尺寸及编号。搪瓷钢板禁止在现场开槽或钻孔，一切孔洞均现场实测后，在搪瓷钢板出厂前预留，加工成半成品现场组合。

搪瓷钢板的安装顺序宜由下往上进行，避免交叉作业。除设计特殊要求外，同一幅墙面的搪瓷钢板色彩应一致，板的拼缝宽度应符合设计要求。

⑤ 填缝与清洁

A. 面板安装完毕，将板面四周保护膜撕开，在板面四周贴上防污带，将橡胶条塞入板缝内并均匀地打上密封胶。

B. 密封胶干后撕去防污带和保护膜，用棉丝清洁板面，不得使用有腐蚀性的清洁剂。

4）质量通病预防

① 板面不平。

预防措施：在安装龙骨连接件时，应做到定位准确、固定牢固。

② 阴阳板、分格不均。

预防措施：铝合金饰面板排板分格布置时，应使设计规格尺寸与现场实际尺寸相符合，同时兼顾门、窗、设备、箱盒的位置。

③ 线角不直、缝格不匀。

预防措施：施工前应认真按设计图纸尺寸核对现场实际尺寸，分段分块弹线要精确细致，并经常拉水平线和吊垂直线检查校正。

④ 胶缝不平直、不密实。

预防措施：嵌注密封胶时应连续、均匀、饱满，注胶完后应使用工具将胶表面刮平、刮光滑。

5）成品保护

① 施工过程中应保护好铝合金饰面板，防止意外碰撞、划伤、污染，阳角、通道部分的板面应及时用纤维板附贴进行防护。

② 铝合金饰面板安装区域有焊接作业时，需将板面进行有效覆盖。

③ 加工、安装过程中，铝板保护膜如有脱落要及时补贴；搪瓷板表面的保护膜应在安装完成后撕去。同时，表面保护膜置留于搪瓷钢板表面的最长时间不应超过表面保护膜的有效期限。

④ 运输和安装其他设备时，应确保设备与搪瓷钢板墙面有足够的距离，不会产生直接的擦碰和撞击。

⑤ 安装金属饰面板时，作业人员宜穿戴干净的线手套，以防污染板面或板边划伤手。

（五）防雷电装置的安装与调试

1. 防雷电装置的安装

（1）防雷电装置

建筑外门窗防雷设计，应符合《建筑防雷设计规范》GB 50057—2010 的规定。一类防雷建筑物其建筑高度在 30m 及以上的外门窗、二类防雷建筑物其建筑高度在 45m 及以上的外门窗、三类防雷建筑物其建筑高度在 60m 及以上的外门窗应采取防侧击雷和等电位保护措施，并与建筑物防雷系统可靠连接。

1）门窗防直击雷措施

① 金属门窗（或幕墙）窗体本身就是一个接受雷击的导电体，可不装接闪器，但应和屋面防雷装置连接。

② 非金属门窗由于其材质本身不导电，一般非高层普通民用住宅可不采取防雷措施，但对于高层（一般在 10 层或以上）建筑，其外露五金件宜采用导电管线连通形成闭合电气通路，然后与屋面防雷装置连接。

③ 建筑物引下线不应少于两根，且每根引下线的冲击接地电阻不应大于 10Ω。

④ 建筑门窗的引出线与建筑物引下线连接时，采用搭接满焊连接，其搭接长度应不小于 100mm。

2）门窗防雷电感应措施

① 建筑物内的设备、管道、构架、钢窗（也包括铝合金门窗等较大金属物），均应接到防雷电感应的接地装置上。

② 防雷电感应的接地装置，其工频接地电阻不应大于 10Ω。

③ 建筑门窗引出线与建筑物引下线采取搭接满焊连接或有螺栓紧固的卡夹器连接，其搭接长度不小于 100mm。

3）门窗防侧击和等电位保护措施

① 高度超过 45m 的钢筋混凝土结构、钢结构建筑，应采取防侧击和等电位保护措施。

② 应将 45m 及以上的栏杆、门窗等较大金属物与防雷装置引下线相连，门窗防雷引出线可与钢构架及混凝土钢筋相连，连接方式宜采取搭接满焊，搭接高度不小于 50mm。

4）金属门窗防雷施工方法

窗框防雷接地的施工要点就是将门窗框与建筑物主体引下线相连，见图 6-31。

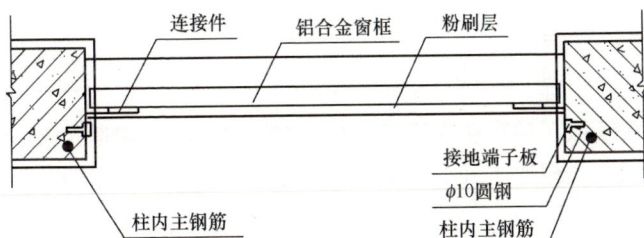

图 6-31　铝合金窗框平面示意

由于铝合金门窗面积较大，所以铝框两端均应做防雷接地处理。

在门窗框安装之前，土建施工有两种方式：外露式和内置式。外露式采用圆钢与主体引下线主筋焊接，预留金属接地端子板与铝合金门窗防雷引线连接完成接地；内置式是在门窗预留洞 H 处墙体内预埋钢件（即接地端子板），该钢件与主体引下线主筋焊接，铝合金门窗防雷接地引下线与预埋件焊接。

铝合金门窗防雷接地施工可根据等电位连接体引出方式来确定。引下线可采用圆钢或扁钢，宜优先采用圆钢，圆钢直径不应小于 8mm。扁钢截面面积不应小于 $48mm^2$，其厚度不应小于 4mm。接地端子板宜采用 $80mm \times 80mm \times 4mm$ 的方形钢板。接地端子板与引下线之间、引下线与建筑物主筋之间的连接均采用焊接连接，焊接长度不得小于 100mm。铝合金门窗与接地端子板之间可采用镀锌钢、铜、铝等导体连接。

各连接导体的最小截面积见表 6-6。

各种导线的最小截面积（mm²） 表 6-6

材料	等电位连接带之间和等电位连接带与接地装置之间的连接导体，流过大于或等于 25% 总雷电流的等电位连接导体	内部金属装置与等电位连接带之间的连接导体，流过小于 25% 总雷电流的等电位连接导体
铜	16	6
铝	25	10
钢（铁）	50	16

软编织铜导线作为连接导体（图 6-32），一端通过镀锌扁钢与铝门窗框相连。另一端与接地端子板（图 6-33）相连。

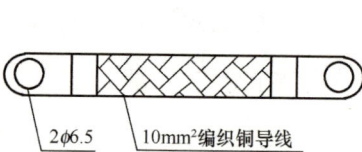

2φ6.5　　10mm²编织铜导线

图 6-32　软编制铜导线

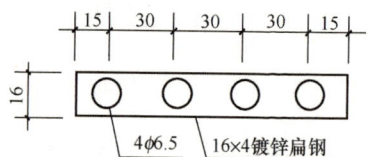

4φ6.5　　16×4镀锌扁钢

图 6-33　连接件

铝合金型材表面通常有电泳、油漆喷涂、氟碳烤漆、粉末喷涂等几种处理方式，其表面被覆层厚度最大标准值为 $40\mu m$，而厚度小于 1mm 的聚氯乙烯不属于绝缘被覆层。若门窗型材表面有非导电介质的着色装饰层，其引出线与型材表面接触后应将型材表面的着色打磨掉或涂上导电膏，并用螺栓连接紧密。

连接导体与铝框之间可直接采用 M6 螺栓连接，且应采用 4 点连接。软编织导线与接地端子板之间也应采用 M6 螺栓连接。这种连接方式较之焊接可以不对铝框被覆层造成破坏，也可保证连接的稳定性和可靠性。

铝合金窗框防雷接地施工大样，见图 6-34、图 6-35。

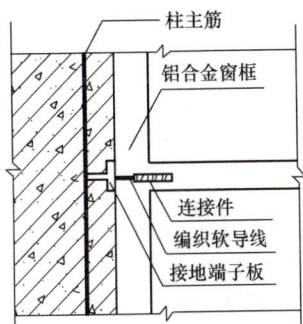

图 6-34　施工大样　　　　　图 6-35　施工大样

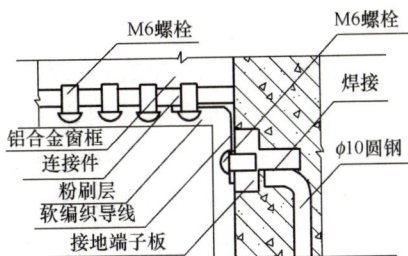

（2）施工中常见的问题及对策

1）不能正确判定建筑物的防雷类别，造成材料的浪费及成本的增加，或者因设计能力的不足而导致安全隐患。

在防雷设计阶段首先应该根据当地实际及建筑物的具体情况正确计算出年平均雷击次数。确定建筑物的防雷类别。只有位于滚球半径以上的铝合金门窗框才需要做防雷接地处理。

2）未严格按照防雷技术规范和防雷施工工艺进行施工，施工质量达不到要求。如铜编织导线总截面不够、连接件尺寸不足、门窗框上连接点不足 4 个，以及松动、漏装、未打磨接触面等。施工时应严格按照防雷技术规范和有关施工工艺施工。

3）铝合金门窗框在安装过程中，为保护其喷涂或氧化层不被破坏，在其表面包裹了一层临时性保护塑料薄膜，而在防雷施工时没有将该处薄膜去掉，影响了导电线路的通畅。因此，在连接前首先应将防雷处的薄膜去除。

4）没有检测电路是否导通便被后续装饰工作隐蔽覆盖。在防雷施工完毕后应当立即使用简易方法检测该处线路是否导通。只有检测电路导通后才能进行下一道工序，以避免日后返工。

5）遗漏现象。由于门窗框的安装和防雷施工通常由不同的专业班组完成，因此容易出现个别门窗框没有做防雷处理的情

况。所以，在施工过程中必须做好文字记录工作，避免出现
遗漏。

2. 防雷电装置的调试

门窗防雷连接好后在隐蔽敷设前应进行隐蔽检测。

门窗防雷接地工程检测分三部分：

第一部分，门窗防雷接地施工前会同土建单位、工程监理部
和质量管理部门对土建预留等电位体是否接通大地进行检测验
收，及时消除不导通现象。也可直接同土建防雷施工单位办理工
序合格移交手续，然后自检过程发现个别有问题等电位体时及时
通知有关单位解决。

第二部分，门窗预留防雷引线与土建留置等电位体金属片接
通后应及时检测其是否导通，通常采用万能电表检测，及时消除
不导通现象。

第三部分，门窗防雷接地施工结束，应及时对铝合金门窗接
地电阻值进行检测，确保接地电阻值在设计规定范围内。

铝合金门窗接地电阻值的测量见图 6-36。测量仪器采用 ZC-
8 型接地电阻表，规格为四端钮型（0-1-10-100Ω 规格）。

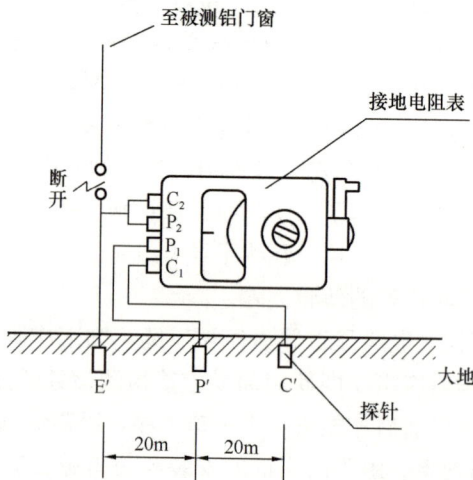

图 6-36　铝合金门窗接地电阻值的测量

（1）沿被测接地极 E'（建筑物基础）使电位探测针 P' 和电流探测针 C' 依直线彼此相距20m，且电位探测针 P' 插于接地极 E' 和电流探测针 C' 之间。

（2）用导线将 E'、P'、C' 联于仪表相应的端钮。四端钮型 P_2C_2 两端柱合并接通为 1 个线柱，与被测铝门窗连接。

（3）将仪表放置于干燥的水平位置，检查检流计是否指在中心线上，否则可用调零器将其调整于中心线。

（4）将"倍率标度"置于最大倍数，慢慢转动发电机摇把，同时旋动"测量标度盘"使检流计指针指于中心线。

（5）当检流计指针接近平衡时，加快发电机摇把的转速，使其达到每分钟 120 转以上，调整"测量标度盘"使指针指于中心线上。

（6）若"测量标度盘"的读数小于 I 时，应将"倍率标度"置于较小标度倍数，再重新调整"测量标度盘"以得到正确读数。

（7）用"测量标度盘"的读数乘以"倍率标度"盘的倍数即为所测铝门窗接地电阻值。测量铝合金门窗接地电阻值时应该注意按测量仪器使用说明书有关事项进行。另外还要注意，阴雨天地面潮湿易使测量值不准，尽量不在阴雨天测量；土建基础周围水泥砂浆地面较多，测量时有关探针必须插入土壤中，且间距合适；测电阻值时测试导线与铝门窗夹持处应轻轻打磨掉氧化层或喷涂层，位置应选在与防雷引线连结一侧边框的较隐蔽处；由于接触不良，土地潮湿度不同，摇表转速不同和其他人为和自然因素，每次测量同一门窗读数都不会完全相同，但只要电阻值在设计值范围内都属合格。

七、验　　收

健全质量检验体系，质量检验包括自检、互检、交接检。

（一）自　　检

自检就是生产者对自己所生产的产品，按照图纸、工艺或合同中规定的技术标准自行进行检验，并做出是否合格的判断。

这种检验充分体现了生产工人必须对自己生产产品的质量负责。通过自我检验，可使生产者充分了解自己生产的产品在质量上存在的问题，并开动脑筋，寻找出现问题的原因，进而采取改进的措施，这也是工人参与质量管理的重要形式。

（二）互　　检

互检就是生产工人相互之间进行检验。

互检主要有：下道工序对上道工序流转过来的产品进行抽检；同一机床、同一工序轮班交接时进行的相互检验；小组质量员或班组长对本小组工人加工出来的三检制产品进行抽检等。这种检验不仅有利于保证加工质量，防止因疏忽大意而造成成批的废品，还有利于搞好班组团结，维系工人之间良好的群体关系。

（三）交　接　检

工序交接检查由施工单位技术负责人、专职质检员组织，由交接工序作业负责人、质检员检查参加，对已完成的工程产品质量检查验收，质量达标准要求的工序，填写工序交接单，完备交接手续。达不到质量标准要求的工序不能交接，必须采取相关措施进行处理。

习　题

一、图纸识读

（一）判断题

1. ［初级］装饰平面图是装饰施工图的首要图纸，均按正投影法绘制。

【答案】错误

【解析】装饰平面图是装饰施工图的首要图纸，除顶棚平面图外，均按正投影法绘制。

2. ［初级］装饰立面图是按正投影法绘制的正立投影，用以表达墙面装饰施工做法。

【答案】正确

3. ［中级］用剖切平面将产品的某处切断，仅表达出断面的图形，此图形称为剖视图。

【答案】错误

【解析】用剖切平面将产品的某处切断，仅表达出断面的图形，此图形称为剖面图。

（二）单选题

1. ［初级］装饰平面图识读中先要区别建筑尺寸和装饰装修尺寸，再在装饰装修尺寸中，分清(　　)

A. 定位尺寸　　　　　　　　B. 外形尺寸

C. 结构尺寸　　　　　　　　D. 以上皆是

【答案】D

【解析】装饰平面图识读中先要区别建筑尺寸和装饰装修尺寸，再在装饰装修尺寸中，分清定位尺寸、外形尺寸和结构尺寸。

2. ［中级］以下关于装饰详图的识读步骤，正确的是（   ）。

① 找出各块的主体。

② 对于复杂的详图可将其分块来看。

③ 结合平面图、立面图、剖面图，了解详图来自哪个部位。

④ 看主体和饰面之间的连接状况，看饰面和饰物面层处理情况。

A. ①②③④   B. ③④①②

C. ③②①④   D. ④②③①

【答案】C

【解析】装饰详图的识读。

3. ［中级］产品加工图识读的第一步先看（   ）。

A. 尺寸标注   B. 技术方法

C. 标题栏   D. 表达方式

【答案】C

【解析】产品加工图识读首先读标题栏，了解产品的名称、比例、图号、所用材料及数量，并了解其位置及作用。

4. ［初级］剖视的剖切符号由剖切位置线及投射方向线组成，均以（   ）绘制。

A. 中实线   B. 粗实线

C. 细实线   D. 点划线

【答案】B

【解析】剖视的剖切符号由剖切位置线及投射方向线组成，均以粗实线绘制。

（三）多选题

1. ［初级］产品在三个基本投影面上所得的三面视图是（   ）。

A. 主视图   B. 左视图

C. 仰视图   D. 俯视图

E. 后视图

【答案】ABD

【解析】视图就是将产品向投影面投影所得的图形。产品在三个基本投影面上所得的三面视图分别是：主视图、左视图、俯视图。

2. [中级] 基本尺寸相同，相互结合的孔和轴公差带之间的关系称为配合。其可分为(　　)。

A. 过盈配合　　　　　　　B. 孔隙配合

C. 过渡配合　　　　　　　D. 过分配合

E. 间隙配合

【答案】ACE

【解析】配合有三种类型：间隙配合、过盈配合、过渡配合。

（四）案例题

Z公司的X施工项目部承建了某写字楼的装饰装修工程，在室内装饰装修施工图的立面图可看出用到某种金属饰面，现场对其进行了深化，绘制出了产品加工图。根据背景资料，回答下列问题。

1. 判断题

（1）[初级] 在加工图上标注了一个符号 $\overset{3.2}{\diagdown}$，其表示的含义是任何方法获得的表面粗糙度 Ra 最大允许值为 $3.2\mu\mathrm{m}$。

【答案】正确

（2）[初级] 断面的剖切符号用粗实线绘制。编号所在一侧反方向为该断面的剖视方向。

【答案】错误

2. 单选题

（1）[初级] 当产品比较复杂时，在视图上就会出现许多虚线，这样给看图和标注尺寸都带来了不便，因此，为了清楚地表达产品的内部结构形状，常常用(　　)来表达。

A. 剖视图　　　　　　　　B. 旋转视图

C. 斜视图   D. 以上答案都不对

【答案】A

(2)［中级］一张完整的产品加工图通常包括的内容是（   ）。

A. 主视图、俯视图、左视图、右视图

B. 一组图形、全部尺寸、技术要求、标题栏

C. 剖视图、尺寸标注、热处理要求、比例

D. 材料、质量、形位公差、零件名称

【答案】B

3. 多选题

［初级］下列选项中，关于施工图识读的方法正确的有（   ）。

A. 看图名、比例   B. 看楼地面标高

C. 看图例，识细部   D. 看技术要求

E. 看清内外构造装饰做法

【答案】ABCE

二、金属门窗等构造节点与结构用材

（一）判断题

1. ［初级］铝合金门窗具有自重轻、强度高、性能好、变形性小等优点。

【答案】正确

2. ［初级］铝合金门窗色彩多样、表面美观，但耐腐蚀性差、不易于保养。

【答案】错误

【解析】铝合金门窗色彩多样、表面美观，耐腐蚀性好、易于保养。

3. ［中级］铝合金门窗应根据使用和安全要求确定铝合金门窗的风压强度性能、雨水渗漏性能、空气渗透性能等综合指标。

【答案】正确

4. 〔中级〕影响门窗密封性能最为关键的是门窗密封胶条。

【答案】正确

5. 〔中级〕门窗受力构件之间的连接也可以采用铝合金抽芯铆钉。

【答案】错误

【解析】规范要求门窗受力构件之间的连接不可以采用铝合金抽芯铆钉。

6. 〔初级〕黑色金属材料除不锈钢外应进行表面镀锌处理。

【答案】正确

7. 〔中级〕门窗框与洞口间采用泡沫填缝剂做填充时，宜采用聚氨酯泡沫填缝胶。

【答案】正确

8. 〔初级〕栏杆材料的选择与耐候性和耐久性关系不大。

【答案】错误

【解析】栏杆制作所选择材料，要满足设计要求，满足环境要求。

9. 〔初级〕门窗与墙体间的锚固件、防雷连接件等钢材连接件应镀锌处理，应符合现行国家标准的规定。

【答案】正确

10. 〔中级〕室内设有立柱和扶手，栏板玻璃作为镶嵌面板安装在护栏系统中，栏板玻璃应使用夹层玻璃。

【答案】正确

11. 〔中级〕当栏板玻璃最低点离一侧楼地面高度大于 5m 时，可使用公称厚度为 16.76mm 的钢化夹层玻璃。

【答案】错误

【解析】规范规定，当栏板玻璃最低点离一侧楼地面高度小于 5m 时，可使用公称厚度为 16.76mm 的钢化夹层玻璃。大于 5m 时，不允许使用玻璃栏板。

12. 〔中级〕栏杆高度及立杆间距必须符合《住宅设计规范》

GB 50096—2011 的规定，即多层住宅及以下的临空栏杆高度不低于 900mm。

【答案】错误

【解析】栏杆高度及立杆间距必须符合《住宅设计规范》GB 50096—2011 的规定，即多层住宅及以下的临空栏杆高度不低于 1.05m。

13. ［高级］中高层住宅的临空栏杆高度不低于 1.1m。

【答案】正确

14. ［初级］楼梯楼段栏杆和落地窗维护栏杆的高度不低于 0.9m。

【答案】正确

15. ［中级］栏杆垂直杆件的净距不大于 0.11m，采用非垂直杆件时，必须采取防止儿童攀爬的措施。

【答案】正确

（二）单选题

1. ［初级］铝合金型材采用阳极氧化，氧化膜厚应符合（　　）要求。

A. AA10 　　　　　　　　B. AA15

C. AA20 　　　　　　　　D. AA25

【答案】B

【解析】根据《铝合金门窗工程技术规程》JGJ 214—2010 规定，氧化膜厚应符合 AA15 要求。

2. ［中级］铝合金型材采用阳极氧化，氧化膜的局部膜厚不应小于（　　）。

A. $10\mu m$ 　　　　　　　B. $12\mu m$

C. $15\mu m$ 　　　　　　　D. $20\mu m$

【答案】B

【解析】根据《铝合金门窗工程技术规程》JGJ 214—2010 规定，氧化膜局部膜厚不应小于 $12\mu m$。

3. ［中级］铝合金电泳涂漆，阳极氧化复合膜，复合膜局部膜厚不应小于(　　)。

A. 10μm B. 12μm

C. 16μm D. 21μm

【答案】C

【解析】根据《铝合金门窗工程技术规程》JGJ 214—2010规定，阳极氧化复合膜，复合膜局部膜厚不应小于16μm。

4. 〔中级〕铝合金粉末喷涂型材，装饰面上涂层最小局部厚度应大于(　　)。

A. 15μm B. 20μm

C. 30μm D. 40μm

【答案】D

【解析】根据《铝合金门窗工程技术规程》JGJ 214—2010规定，粉末喷涂型材，装饰面上涂层最小局部厚度应大于40μm。

5. 〔中级〕铝合金氟碳漆喷涂型材，二涂层氟碳漆膜，装饰面平均漆膜厚度不应小于(　　)。

A. 15μm B. 20μm

C. 30μm D. 40μm

【答案】C

【解析】根据《铝合金门窗工程技术规程》JGJ 214—2010规定，二涂层氟碳漆膜，装饰面平均漆膜厚度不应小于30μm。

6. 〔高级〕铝合金窗受力构件应经计算或试验确定。除压条、扣板等需要弹性装配的型材外，未经表面处理的型材最小实测壁厚应满足要求，窗主型材主要受力部位基材不应小于(　　)mm。

A. 1.0 B. 1.2

C. 1.4 D. 2.0

【答案】C

【解析】根据《铝合金门窗工程技术规程》JGJ 214—2010规定，未经表面处理的型材最小实测壁厚应满足要求，窗主型材主要受力部位基材不应小于 1.4mm。

7. [高级] 铝合金门受力构件应经计算或试验确定。除压条、扣板等需要弹性装配的型材外，未经表面处理的型材最小实测壁厚应满足要求，门主型材主要受力部位基材不应小于（　　）mm。

A. 1.0　　　　　　　　　　B. 1.2

C. 1.4　　　　　　　　　　D. 2.0

【答案】D

【解析】根据《铝合金门窗工程技术规程》JGJ 214—2010规定，未经表面处理的型材最小实测壁厚应满足要求，门主型材主要受力部位基材不应小于 2.0mm。

8. [中级] 铝合金门窗框安装的固定片宜采用 Q235 钢材。厚度不应小于（　　）mm，宽度不应小于（　　）mm，表面防腐处理。

A. 1.0，15　　　　　　　　B. 1.2，20

C. 1.5，20　　　　　　　　D. 2.0，25

【答案】C

【解析】《铝合金门窗工程技术规程》JGJ 214—2010 规定。

9. [初级] 固定片与洞口墙体连接，固定金属固定片安装角部的距离不应大于（　　）mm。

A. 100　　　　　　　　　　B. 150

C. 180　　　　　　　　　　D. 200

【答案】B

【解析】《铝合金门窗工程技术规程》JGJ 214—2010 规定。

10. [中级] 某铝合金门窗洞口尺寸（宽）1800mm×（高）2100mm，框用固定片与洞口墙体连接，需要固定片的最少个数是（　　）个。

A. 10　　　　　　　　　　B. 12

C. 14　　　　　　　　　　D. 16

【答案】C

【解析】根据《铝合金门窗工程技术规程》JGJ 214—2010规定，固定金属固定片安装角部的距离不应大于 150mm，其余部分固定片中心点之间距离不应大于 500mm。

11. 〔中级〕栏杆（栏板）金属型材壁厚，选用不锈钢材料，主要受力杆件壁厚不应小于(   )mm。

A. 1.0   B. 1.2

C. 1.5   D. 1.8

【答案】C

【解析】规范规定，保证质量和安全。

12. 〔中级〕栏杆（栏板）金属型材壁厚，选用型钢材料，主要受力杆件壁厚不应小于(   )mm。

A. 1.5   B. 2.0

C. 2.5   D. 3.0

【答案】D

【解析】规范规定，保证质量和安全。

13. 〔中级〕楼梯楼段栏杆和落地窗维护栏杆的高度不低于(   )m。

A. 0.85   B. 0.9

C. 1.0   D. 1.1

【答案】B

【解析】规范规定，保证质量和安全。

14. 〔中级〕楼梯水平段栏杆长度大于 0.50m 时，其高度不低于(   )m。

A. 0.85   B. 0.9

C. 1.0   D. 1.05

【答案】D

【解析】规范规定，保证质量和安全。

15. 〔中级〕栏杆垂直杆件的净距不大于(   )m。

A. 0.1   B. 0.15

C. 0.11   D. 0.18

【答案】C

【解析】规范规定，保证质量和安全。

16. ［高级］铝合金门窗的反复启闭性能应根据设计使用年限确定，且铝合金门窗的反复启闭次数不应小于( )万次。

A. 1

B. 5

C. 10

D. 15

【答案】C

【解析】《铝合金门窗工程技术规程》JGJ 214—2010 规定。

(三) 多选题

1. ［中级］门窗工程根据功能要求选用浮法玻璃、着色玻璃、镀膜玻璃、中空玻璃、钢化玻璃、真空玻璃、夹层玻璃、夹丝玻璃等。下面关于玻璃选择说法正确的是( )。

A. 中空玻璃单片玻璃厚度相差不宜大于 3mm

B. 真空磁溅射法（离线法）生产的 Low-E 玻璃，应合成中空玻璃使用，Low-E 膜层应位于中空气体层内

C. 热喷涂法（在线发）生产的 Low-E 玻璃，可单片使用，Low-E 膜层宜面向外

D. 夹层玻璃单片玻璃厚度相差不宜大于 3mm

E. 单片面积大于 2.0m² 的窗玻璃必须使用安全玻璃

【答案】ABD

【解析】《铝合金门窗工程技术规程》JGJ 214—2010 规定。

2. ［高级］下列关于铝合金门窗材料选择说法正确的是( )。

A. 用穿条工艺生产的隔热铝型材，其隔热材料可选择 PA66GF25（聚酰胺 66＋25 玻璃纤维）材料和 PVC 材料

B. 门窗用密封毛条应采用经过硅化处理的丙纶纤维密封毛条

C. 硅酮耐候密封胶应采用中性胶

D. 门窗受力构件之间的连接可采用铝合金抽芯铆钉

E. 玻璃垫块应可选择使用硫化再生橡胶、木片等

【答案】ABC

【解析】《铝合金门窗工程技术规程》JGJ 214—2010 规定。

3. ［中级］下列关于铝合金门窗构造的说法，正确的是（　　）。

A. 铝合金门窗安装有干法安装、湿法安装两种，干法安装是指增加金属附框，干法联结金属附框应大于 30mm

B. 固定片与洞口墙体连接，固定金属固定片安装角部的距离不应大于 150mm，其余部位固定片中心距离不应大于 600mm

C. 固定片与墙体固定点的中心线位置至墙体边缘距离不应小于 50mm

D. 铝合金门窗框与洞口的缝隙的处理，采用保温、防潮且无腐蚀性的软质材料填塞密实；也可采用防水砂浆填塞，在框外侧留 5～8mm 密封槽口，填塞防水建筑密封胶

E. 门窗与墙体间的锚固件应采用奥氏体不锈钢

【答案】ACD

【解析】《铝合金门窗工程技术规程》JGJ 214—2010 规定。

4. ［高级］下列关于栏杆构造的说法，错误的是（　　）。

A. 室内设有立柱和扶手，栏板玻璃作为镶嵌面板安装在护栏系统中，栏板玻璃应使用夹层玻璃

B. 室内栏板玻璃固定在结构上且直接承受人体荷载的护栏系统，当栏板玻璃最低点离一侧楼地面高度不大于 5m 时，应使用公称厚度不小于 12.76mm 的钢化夹层玻璃

C. 室内栏板玻璃固定在结构上且直接承受人体荷载的护栏系统，当栏板玻璃最低点离一侧楼地面高度大于 5m 时，不得使用此结构栏板

D. 多层住宅及以下的临空栏杆高度不低于 1.05m

E. 中高层住宅的临空栏杆高度不低于 1.05m

【答案】BE

【解析】《建筑玻璃应用技术规程》JGJ 113—2015 规定。

5. ［高级］根据规范规定，下列（　　）部位必须使用安全玻璃。

A. 单片面积大于 1.5m² 的窗玻璃必须使用钢化玻璃

B. 底边离最终装修面小于 600mm 的落地窗，必须使用钢化玻璃

C. 七层及七层以上建筑物的外开窗

D. 有框门玻璃、幼儿园及其他活动场所的门

E. 倾斜装配窗等

【答案】ACDE

【解析】《建筑玻璃应用技术规程》JGJ 113—2015 规定。

6. ［初级］影响门窗密封性能最为关键的是门窗密封胶条，门窗用密封胶条有（　　）。

A. 三元乙丙橡胶　　　　　　B. 氯丁橡胶

C. 硅橡胶　　　　　　　　　D. PVC

E. 毛条

【答案】ABC

【解析】《铝合金门窗工程技术规程》JGJ 214—2010 规定。

7. ［初级］下面关于门窗紧固件、五金件说法正确的是（　　）。

A. 铝合金门窗工程连接用的螺钉、螺栓宜使用不锈钢紧固件

B. 门窗受力构件之间的连接可采用铝合金抽芯铆钉

C. 门窗的五金件、紧固件用钢材宜采用铁素体不锈钢

D. 黑色金属材料根据使用要求应选用热浸镀锌、电镀锌、防锈涂料等有效防腐处理

E. 黑色金属材料镀锌层厚度应大于 21μm

【答案】AD

【解析】《铝合金门窗工程技术规程》JGJ 214—2010 规定。

三、材　　料

(一) 判断题

1. 〔初级〕铝合金型材是由铝和铝合金材料制成的建筑制品。

【答案】正确

2. 〔中级〕金属胀锚螺栓使用时将螺栓塞入钻孔内，施紧螺母，拉紧带锥形的螺栓杆，使套管膨胀压紧钻孔壁而锚固物体。

【答案】正确

3. 〔初级〕能承受接缝位移以达到气密目的而嵌入建筑接缝中的材料称为密封材料。

【答案】错误

【解析】气密和水密。

(二) 单选题

1. 〔初级〕大型工字钢(　　)。

A. 高<180mm B. 高≥180mm

C. 边宽≥160mm

【答案】B

【解析】高度不小于180mm的工字钢为大型工字钢。

2. 〔中级〕金属材料抵抗塑性变形或断裂的能力称为(　　)。

A. 塑性 B. 硬度

C. 强度

【答案】A

【解析】塑性的定义。

3. 〔中级〕涂装钢板使用(　　)作为基底，在其正面背面都进行涂装，以保证其耐腐蚀性能。

A. PVC钢板 B. 高耐久性涂层钢板

C. 镀锌钢板

【答案】C

【解析】涂装钢板的特性。

4. [初级] 可以作家具、汽车外壳的是(　　　　)。

A. 镀锌板　　　　　　　　B. 复合钢板

C. 彩色涂层钢板

【答案】C

【解析】彩色涂层钢板的适用范围。

5. [中级] (　　　)规格的玻璃用于工业和高层建筑。

A. 4～6mm　　　　　　　B. 2～3mm

C. 4～5mm

【答案】A

【解析】玻璃的规格。

四、机具设备使用和维护

(一) 判断题

1. [初级] 锯床的加工精度很高,可以用于精密切割。

【答案】错误

【解析】锯床是以圆锯片、锯带或锯条为加工刀具,加工时进给速度较快,加工刀具会有震动,锯床导向臂的导向角夹持的锯条与锯床工作台垂直度有偏差,因此其加工精度一般不是很高。

2. [中级] 直流电焊机既能焊酸性焊条,又能焊碱性焊条。

【答案】正确

3. [中级] 氩弧焊机不能焊接不锈钢和铝材。

【答案】错误

【解析】氩弧焊机焊接时,在高温熔融焊接中不断送上氩气,使焊材不能和空气中的氧气接触,从而防止了焊材的氧化,因此可以焊接不锈钢、铝材等金属。

4. [中级] 用手动吸盘搬运玻璃,玻璃重量应不大于100kg。

【答案】正确

（二）单选题

1. ［中级］下图为 20 分度游标卡尺的部分示意图，其读数为（　　）mm。

A. 8.03　　　　　　　　　B. 8.15

C. 10.03　　　　　　　　 D. 10.15

【答案】B

【解析】游标卡尺的主尺读数为 8mm，游标读数为 $0.05 \times 3mm = 0.15mm$，所以最终读数为 8.15mm。

2. ［初级］Ⅰ型游标万能角度尺可测量的角度范围是（　　）。

A. $0° \sim 360°$　　　　　　　B. $0° \sim 180°$

C. $0° \sim 320°$　　　　　　　D. $0° \sim 90°$

【答案】C

【解析】游标万能角度尺有Ⅰ型Ⅱ型两种，其测量范围分别为 $0° \sim 320°$ 和 $0° \sim 360°$。

3. ［中级］使用万能角度尺测量 $0° \sim 50°$ 时，下列说法正确的是（　　）。

A. 只装角尺即可

B. 只装直尺即可

C. 角尺和直尺全装上

D. 只保留扇形板和主尺（带基尺）即可

【答案】C

【解析】测量 $0° \sim 50°$ 时，角尺和直尺全装上；测量 $50° \sim 140°$ 时，可把角尺卸掉，仅装上直尺即可；测量 $140° \sim 230°$ 时，把直尺和卡块卸掉，仅装上角尺即可；测量 $230° \sim 320°$ 时，把直尺、角尺、卡块全部都卸掉，只保留扇形板和主尺（带基尺）

即可。

4.［中级］测距仪是利用光、声音、电磁波的反射、干涉等特性，而设计的用于（ ）测量的仪器。

A. 长度和距离   B. 速度和长度

C. 速度和高度   D. 温度和距离

【答案】A

【解析】测距仪是利用光、声音、电磁波的反射、干涉等特性，而设计的用于长度、距离测量的仪器。同时可以和测角设备或模块结合测量出角度、面积等参数。

（三）多选题

1.［初级］弯圆加工的方法有很多种，按弯曲成形方式可以分为（ ）。

A. 滚弯   B. 压弯

C. 推弯   D. 拉弯

E. 绕弯

【答案】ABCDE

【解析】弯圆加工的方法有很多种，按弯曲成形方式可以分为滚弯、压弯、推弯、拉弯、绕弯。

2.［初级］以下哪些是切割机的优点（ ）。

A. 安全可靠   B. 劳动强度低

C. 生产效率高   D. 切断面平整光滑

E. 精度高

【答案】ABCD

【解析】切割机适合锯切各种异形金属铝、铝合金、铜、铜合金、非金属塑胶及碳纤等材料。具有安全可靠、劳动强度低、生产效率高、切断面平整光滑等优点。但切割机的稳定性较差，故加工精度较低。

3.［中级］王师傅用水平尺检查窗框安装是否水平，水平尺的水泡向右偏。下列哪些方法可以帮助王师傅将窗框调整水平（ ）。

A. 将右侧窗框调高　　　　B. 将左侧窗框调高

C. 将右侧窗框调低　　　　D. 将左侧窗框调低

E. 将左右侧窗框同时调低

【答案】BC

【解析】水平尺玻璃管中间有个游动的水泡，将水平尺放在被测物体上，水平尺水泡向哪边偏，表示那边偏高，即需要降低该侧的高度，或调高相反侧的高度，将水泡调整至中心，就表示被测物体在该方向是水平的了。

4.［中级］下列加工可以使用角磨机的有（　　）。

A. 磨削　　　　　　　　　B. 切削

C. 除锈　　　　　　　　　D. 磨光

E. 切割

【答案】ABCDE

【解析】电动角磨机利用高速旋转的薄片砂轮以及橡胶砂轮、钢丝轮等对金属构件进行磨削、切削、除锈、磨光加工。角磨机适合用来切割、研磨及刷磨金属与石材，作业时不可使用水。

（四）案例题

某机电设备安装工程开工前，项目技术员专门召集安装工人进行施工技术交底，以防止安装工作失误而导致发生质量安全问题，其部分交底内容反映在以下例题中。

1. 判断题

（1）［初级］电动角麻机切割石材必须使用引导板，作业时不可使用水。

【答案】正确

（2）［初级］电钻包括手电钻、冲击钻、锤钻、电锤、台钻五类。

【答案】错误

2. 单选题

（1）［中级］水平尺材料的平直度和水准泡质量，决定了水平尺的精确性和（　　）。

A. 稳定性　　　　　　　　B. 水平度

C. 铅直度　　　　　　　　D. 倾斜度

【答案】A

(2)［初级］放在被测物体上的水平尺玻璃管中间水泡向哪边偏，就表示(　　)。

A. 那边偏低　　　　　　　B. 那边偏高

C. 对边偏高　　　　　　　D. 测量面粗平

【答案】B

(3)［中级］水平尺是利用液面水平的原理，以水准泡直接显示(　　)，测量被测表面相对水平位置、铅垂位置、倾斜位置偏离程度的一种计量器具。

A. 角位移　　　　　　　　B. 高度差

C. 水平度　　　　　　　　D. 倾斜度

【答案】A

(4)［初级］激光投线仪共产生四条相互正交的铅垂线、一条水平线和一条下对点线。铅垂线在仪器上方的交点为(　　)。

A. 天顶点　　　　　　　　B. 铅直点

C. 下对点　　　　　　　　D. 垂直点

【答案】D

(5)［高级］按游标的刻度值（也就是游标卡尺的精度）来分，游标卡尺可分 0.1mm、(　　) mm、0.02mm 三种。

A. 0.2　　　　　　　　　　B. 0.05

C. 0.15　　　　　　　　　D. 0.04

【答案】B

(6)［初级］激光测距仪的精度主要取决于仪器计算(　　)发出到接收之间时间的计算准确度。

A. 声音　　　　　　　　　B. 激光

C. 电磁波　　　　　　　　D. 红光

【答案】B

3. 多选题

(1)［初级］游标卡尺可测量工件(　　)尺寸。

A. 宽度　　　　　　　　　　B. 外径

C. 内径　　　　　　　　　　D. 深度

E. 距离

【答案】ABCD

(2)［初级］万能角度尺主要包括以下(　　)的位置。

A. 主尺　　　　　　　　　　B. 直尺

C. 直角尺　　　　　　　　　D. 副尺

E. 游标

【答案】ABCE

五、测 量 放 线

(一) 判断题

1.［初级］测量时，零刻度线磨损的尺子必须废弃，完全不能使用。

【答案】错误

【解析】测量中，如零刻线磨损，可取另一整刻度线为零刻线。

2.［初级］尺子要沿着所测长度放，尺边对齐被测对象，必须放正重合，不能歪斜。

【答案】正确

3.［初级］用刻度尺测量读数时，视线应与尺面垂直。

【答案】正确

4.［中级］平整度和水平度是同一个概念的不同说法。

【答案】错误

【解析】平整度是指一个平面（如墙或地面）整体是不是在一个面上，而水平度是一般是指水平方向的平面（如地面或顶棚）是不是在一条水平线上。

5.［中级］垂直度被用来评价直线之间、平面之间或直线与平面之间的垂直状态。

【答案】正确

6.［中级］一般室内水平测量可采用水平仪及水平管配合卷尺进行。

【答案】正确

7.［中级］隐蔽工程完工后即可进行下一工序施工，无需进行检验。

【答案】错误

【解析】隐蔽工程完工后必须进行检查验收，合格后方可进行下一工序施工。

8.［中级］激光测距仪是利用激光作为载波而实现测距功能的测量工具。

【答案】正确

（二）单选题

1.［初级］下面关于水平度的说法，错误的是（　　　）。

A. 水平度是指物体表面与绝对水平面之间的比较，两者之间的夹角要符合要求

B. 水平度可以用水准仪或者投线仪、扫平仪等检查

C. 平整度是合格的，则水平度一定合格

D. 水平度不可以用靠尺和塞尺检查

【答案】C

【解析】水平度是指物体表面与绝对水平面之间的比较，两者之间的夹角要符合要求；平整度是指一个平面整体是不是在一个面上；平整度是合格的，但水平度不一定合格。

2.［中级］门窗测量放线的工艺流程：审核测量图—（　　　）—确定基准—（　　　）—垂直基准测量复核—（　　　）—（　　　）。

a. 水平基准测量复核　　　　b. 洞口复核

c. 安装位置放线　　　　　　d. 进出位置基准测量复核

A. badc　　　　　　　　　　B. abcd

C. bdac　　　　　　　　　　D. bacd

【答案】A

【解析】门窗测量放线的工艺流程。

(三) 多选题

1. 〔初级〕一般室内水平测量可采用(　　)配合卷尺进行。

A. 水平仪　　　　　　　　　B. 水平尺

C. 水平管　　　　　　　　　D. 靠尺

E. 测距仪

【答案】AC

【解析】水平尺可在施工过程中或完工后检查水平度，靠尺检查表面平整度和垂直度，测距仪测量距离用，水平测量用水平仪、水平管。

2. 〔初级〕以下(　　)数据可直接通过测量得到。

A. 长度　　　　　　　　　　B. 平整度

C. 光泽度　　　　　　　　　D. 垂直度

E. 水平线

【答案】ABDE

【解析】光泽度用专用仪器检测。

六、制作与安装

(一) 判断题

1. 〔初级〕铝合金窗，是指采用铝合金型材为框、梃、扇料制作的窗。

【答案】正确

2. 〔中级〕铝合金推拉窗通气面积受一定限制，通风性相对差一些。

【答案】正确

3. 〔中级〕铝合金推拉窗的制作流程主要包括：下料—型材加工—穿毛条—装滑轮—外框组装—装玻璃—成品组装—保护或包装。

【答案】正确

4. [高级] 铝合金窗制作时，车间下料锯锯片厚度为5mm，在双90°下料时，型材优化料缝为15mm；当双45°下料时，料缝宽度为10mm。

【答案】错误

【解析】铝合金窗在制作时，车间下料锯锯片厚度为5mm，型材下料料缝宽度取值为：当双90°下料时，型材优化料缝为10mm；当双45°下料时，料缝宽度为15mm。为了统一，在做下料方案时都按10mm优化，另外由于穿条型材的特点，每根料要减少50mm。

5. [中级] 铝合金推拉窗应在窗扇安装之前调整导向轮，调节窗扇在滑道上的高度，并使窗扇与边框间平行。

【答案】错误

【解析】铝合金推拉窗应在窗扇安装之后调整导向轮，调节窗扇在滑道上的高度，并使窗扇与边框间平行。

6. [中级] 电动卷帘门安装时，导轨现场安装应牢固，预埋钢件与导轨连接间距应大于600mm。

【答案】错误

【解析】电动卷帘门安装时，导轨现场安装应牢固，预埋钢件与导轨连接间距应不大于600mm，保证使用质量和安全。

7. [初级] 卷帘门施工过程中，材料要满足相关规范规定，产品出厂要有合格证书和使用说明书。

【答案】正确

8. 卷帘门的品种、类型、规格、尺寸、安装位置及防腐处理应符合设计要求。

【答案】正确

9. [初级] 施工人员在充分熟悉图纸和现场施工情况后，便可直接投入施工作业中。

【答案】错误

【解析】施工前应充分熟悉图纸和现场施工情况，之后施工人员必须接受管理人员关于玻璃栏杆工程施工工艺书面技术安全交底。

10. ［初级］入槽式玻璃栏杆应按如下工艺施工：放线—预埋件安装—U形钢槽安装—玻璃安装—扶手安装—踢脚线安装—成品保护—清洁

【答案】错误

【解析】正确施工工艺流程为：放线—预埋件安装—U形钢槽安装—垫块安装—玻璃安装—扶手安装—踢脚线安装—成品保护—清洁

11. ［初级］在安装不锈钢栏杆时，栏杆不慎被油漆污染，应立刻使用油漆稀释剂或脱漆松香水将油漆擦除。

【答案】错误

【解析】严禁油漆稀释剂、脱漆松香水、二甲苯、草酸等溶液接触金属表面，应采用干净不褪色的抹布或毛巾擦拭干净。

12. ［中级］铁艺栏杆预埋件安装时应按预埋件放线位置，打孔安装，预埋件用膨胀螺栓固定。铁件的大小、规格尺寸应符合设计要求。预埋件安装完毕后需要刷两道防锈漆，检验合格后，焊接立杆。

【答案】错误

【解析】预埋件安装检验合格后，焊接立杆。经验收确认无误后，方可涂刷防锈漆。

13. ［中级］现场工人根据设计图纸中栏杆的位置、标高弹好控制线后开始进行预埋件的安装，预埋件采用膨胀螺栓与结构固定牢固后，先将U形槽水平、垂直放置在预埋件上，再点焊将其固定。

【答案】错误

【解析】工序操作失误，应先将U形钢槽点焊在预埋件上，待调整好U形钢槽的水平、垂直位置后，满焊在预埋件上。

14. ［初级］装饰基准线用于装饰空间控制，它是整个施工阶段的主控线。

【答案】正确

15. ［中级］不锈钢饰面粘贴时，工人可以根据经验配制双组分胶粘剂。

【答案】错误

【解析】胶粘剂须按制造商规格的比例进行精确配制，双组分胶粘剂混合后一定要充分搅匀。

16. ［中级］墙面金属饰面板安装完成后，在阳角、通道部分的板面应及时进行防护。

【答案】正确

17. ［中级］在搪瓷钢板安装时，发现搪瓷钢板上无预留开关面板的孔位，为了方便安装，工人直接用切割机进行现场开槽。

【答案】错误

【解析】搪瓷钢板禁止在现场开槽或钻孔，一切孔洞均应现场实测后，在搪瓷钢板出厂前预留，加工成半成品现场组合。

（二）单选题

1. ［中级］铝合金窗中，单樘窗和组合窗的构造组成中不同的构件是（　　）。

A. 窗框　　　　　　　　　B. 窗扇

C. 拼樘料　　　　　　　　D. 五金件

【答案】C

【解析】铝合金推拉窗由窗框、窗扇、拼樘料（只有组合窗才要以拼樘料加以组合，单樘窗没有拼樘料）以及五金件组成。

2. ［初级］铝合金推拉窗最多能打开洞口的（　　）。

A. 1/4　　　　　　　　　B. 1/5

C. 1/3　　　　　　　　　D. 1/2

【答案】D

【解析】铝合金推拉窗最多能打开洞口的1/2。

3. ［高级］车间下料锯锯片厚度为 5mm，当双 45° 下料时，料缝宽度为（　　）。

A. 10mm   B. 5mm

C. 15mm   D. 20mm

【答案】C

【解析】铝合金窗在制作时,车间下料锯锯片厚度为5mm,当双45°下料时,料缝宽度为15mm。为了统一,在做下料方案时都按10mm优化,另外由于穿条型材的特点,每根料要减少50mm。

4. [中级] 90系列的铝合金推拉窗采用后装法,窗框尺寸的宽为窗洞口尺寸的宽减( )。

A. 10mm   B. 5mm

C. 15mm   D. 20mm

【答案】A

【解析】90系列的铝合金推拉窗后装法(也称塞口法,是目前建筑装饰工程中常用的做法),窗框尺寸的宽(B)为窗洞口尺寸的宽减10mm。

5. [中级] 90系列的铝合金推拉窗采用后装法,窗框尺寸的高为窗洞口尺寸的高减( )。

A. 10mm   B. 5mm

C. 15mm   D. 20mm

【答案】B

【解析】90系列的铝合金推拉窗后装法(也称塞口法,是目前建筑装饰工程中常用的做法),窗框尺寸的高(H)为窗洞口尺寸的宽减5mm。

6. [初级] 铝合金窗铝框四周的塞灰砂浆达到一定的强度后,一般需( )h,才能轻轻取下框旁的木楔,继续补灰,然后才能抹面层,压平抹光。

A. 10   B. 6

C. 12   D. 24

【答案】D

【解析】铝框四周的塞灰砂浆达到一定的强度后(一般需

150

24h），才能轻轻取下框旁的木楔，继续补灰，然后才能抹面层，压平抹光。

7. ［初级］铝合金推拉窗应将配好的窗扇分内扇和外扇，先将（　　）。

A. 外扇插入上滑道的外槽内　B. 外扇插入下滑道的外槽内

C. 内扇插入上滑道的外槽内　D. 内扇插入下滑道的外槽内

【答案】A

【解析】铝合金推拉窗窗扇安装应将配好的窗扇分内扇和外扇，先将外扇插入上滑道的外槽内，自然下落于对应的下滑道的外滑道内，然后再用同样的方法安装内扇。

8. ［中级］铝合金平开窗滑撑的长度一般为窗扇宽的（　　）。

A. 2/3 　　　　　　　　B. 2/5

C. 1/3 　　　　　　　　D. 1/2

【答案】A

【解析】平开窗滑撑的长度一般为窗扇宽的 2/3，如窗扇较轻可为 1/2，上悬窗的滑撑长度一般为窗扇的 1/2。

9. ［中级］电动卷帘门安装，建筑没有预埋件或有预埋件但不符合安装技术要求时，应增设厚度等于或大于大小支架钢板厚度的钢板垫板。依据划线位置用安全适用的膨胀螺栓固定于安装基准位置，膨胀螺栓不少于（　　）个。

A. 2 　　　　　　　　　B. 3

C. 4 　　　　　　　　　D. 6

【答案】C

【解析】考虑受力特点，确保安装牢固，使用安全。

10. ［高级］无预埋件时，采用安全适用的膨胀螺栓，将两支架固定于安装基准面上，膨胀螺栓总抗剪安全系数不小于卷帘总重量的（　　）倍。

A. 2 　　　　　　　　　B. 3

C. 4 　　　　　　　　　D. 5

【答案】C

【解析】考虑受力特点，确保安装牢固，使用安全。

11. 〔初级〕电动卷帘门叶片嵌入导轨的深度应满足要求，卷帘门内宽小于等于 1800mm 时，页片嵌入导轨的深度不小于（　　）mm。

A. 10 　　　　　　　　　　　　B. 15

C. 20 　　　　　　　　　　　　D. 25

【答案】C

【解析】考虑使用安全，过小，叶片会从导轨中滑脱。

12. 〔中级〕电动卷帘门安装空载试车，观察运行中支架、卷筒轴运转是否灵活可靠、稳定，有无异常，要求卷筒轴在运行中其径向跳动量不大于（　　）mm。

A. 5 　　　　　　　　　　　　B. 10

C. 15 　　　　　　　　　　　　D. 20

【答案】B

【解析】规范规定。

13. 〔中级〕卷筒轴安装后应检验确认其水平度，水平度在全长范围内不大于（　　）mm。

A. 1 　　　　　　　　　　　　B. 2

C. 3 　　　　　　　　　　　　D. 4

【答案】B

【解析】规范规定。

14. 〔初级〕点式玻璃栏杆的预埋件应用（　　）固定在混凝土地面上。

A. 膨胀螺栓 　　　　　　　　B. 自攻螺钉

C. 射钉 　　　　　　　　　　D. 胶粘剂

【答案】A

【解析】预埋件安装：根据立柱分布线，用膨胀螺栓将预埋件安装在混凝土地面上。

15. 〔中级〕以下哪项不是点式玻璃栏杆的工艺流程（　　）。

A. 放线   B. 预埋件安装

C. 爪件安装   D. 垫块安装

【答案】D

【解析】点式玻璃栏杆施工工艺流程：放线—预埋件安装—立柱安装—爪件安装—扶手安装—踢脚线安装—玻璃安装—成品保护—清洁。

16.［初级］不锈钢栏杆的清洁可以用以下哪种物品(　　　)。

A. 油漆稀释剂   B. 脱漆松香水

C. 草酸   D. 干净不褪色的抹布

【答案】D

【解析】严禁油漆稀释剂、脱漆松香水、二甲苯、草酸等溶液接触金属表面；不得用金属工具铲擦喷塑表面，防止表面产生划痕。应采用干净不褪色的抹布或毛巾擦拭干净。

17.［初级］入槽式玻璃栏杆安装前所需材料准备不包含(　　　)。

A. 预埋件   B. 膨胀螺栓

C. 不锈钢爪件   D. U 形钢槽

【答案】C

【解析】入槽式玻璃栏杆施工材料准备：预埋件、膨胀螺栓、立柱、U 形钢槽、玻璃、扶手、玻璃胶、垫块等。不锈钢爪件为点式玻璃栏杆施工中用于固定玻璃的构件。

18.［中级］关于不锈钢栏杆焊接，以下说法不正确的是(　　　)。

A. 栏杆焊接前应检查接口、组装间隙是否符合要求

B. 焊接时应选用较粗的焊丝和较小的焊接电流

C. 焊接时构件之间的焊点应牢固，焊接应饱满

D. 焊缝金属表面的焊波应均匀，不得有裂纹、夹渣、焊瘤、烧穿、弧坑和针状气孔等缺陷，焊接区不得有飞溅物

【答案】B

【解析】焊接时应选用较细的焊丝和较小的焊接电流，电流

较小的时候焊丝型号过大会导致焊丝难熔。

19.〔中级〕下列关于不锈钢栏杆施工顺序正确的是：（   ）。

A. 放线—预埋件安装—栏杆安装—焊接、打磨、抛光—安装盖板—成品保护—清洁

B. 预埋件安装—放线—栏杆安装—焊接、打磨、抛光—安装盖板—成品保护—清洁

C. 放线—预埋件安装—栏杆安装—安装盖板—焊接、打磨、抛光—成品保护—清洁

D. 预埋件安装—放线—栏杆安装—安装盖板—焊接、打磨、抛光—成品保护—清洁

【答案】A

【解析】不锈钢栏杆施工流程：放线—预埋件安装—栏杆安装—焊接、打磨、抛光—安装盖板—成品保护—清洁。

20.〔初级〕下列与铁艺栏杆施工无关的是（   ）。

A. 预埋件安装　　　　　　　B. 涂刷防锈漆

C. 栏杆安装　　　　　　　　D. U 形槽安装

【答案】D

【解析】U 形槽安装为入槽式玻璃栏杆施工流程。

21.〔中级〕下列关于铁艺栏杆防锈漆涂刷描述错误的是（   ）。

A. 预埋件安装完毕后需要刷两道防锈漆

B. 预埋件安装时，在镀锌钢板防锈漆涂刷完毕后，再进行立杆焊接

C. 防锈漆涂刷饱满，无空挡

D. 防锈漆涂刷前，要经过相关验收，不可未经验收进行下道工序

【答案】B

【解析】防锈漆应在预埋件立杆焊接后进行涂刷，如采用后置埋件，则在焊接完成后重新进行防锈漆涂刷。

22. ［初级］施工定位线是依据装饰基准线，按照（   ）投放的施工定位线。

A. 土建定位线
B. 土建施工图
C. 装饰完成面线
D. 装饰施工图

【答案】D

【解析】施工定位线是依据装饰基准线，按照装饰施工图投放的施工定位线。

23. ［中级］切割铝塑复合板内层铝板和聚乙烯塑料时，应保留不小于（   ）厚的聚乙烯塑料，并不得划伤外层铝板的内表面。

A. 0.1mm
B. 0.2mm
C. 0.3mm
D. 0.4mm

【答案】C

【解析】保留不小于0.3mm厚的聚乙烯塑料，主要是防止铝塑复合板折弯式断裂，保证折角部位有一定强度和韧性。

24. ［中级］不锈钢板粘贴时，以下工序做法不正确的有（   ）。

A. 下端的基层板不应直接与地面接触，应留有10mm缝隙；基层板与结构墙应留有5mm的缝隙，用密封胶填实

B. 在基层板上要弹出每块不锈钢板的安装线，水平线和垂直线要呈双线

C. 将胶粘剂涂刷在粘结面上以后，不需要晾置和陈放，直接粘贴不锈钢板

D. 在转角处，一般用不锈钢成型角压边，用少量玻璃胶封口

【答案】C

【解析】将胶粘剂涂刷在粘结面上以后，为使胶粘剂易于扩散、浸润、渗透和使溶剂蒸发，应任其在空气中暴露、静置一段时间。

25. ［中级］金属饰面板挂装时，以下工序做法不正确的有（   ）。

A. 连接件表面应做防锈、防腐处理，连接焊缝应涂刷防锈漆

B. 钢骨架与结构连接的连接件应牢固、位置准确，钢骨架与连接件的连接及钢架镀锌处理应符合设计要求

C. 钢结构龙骨安装完毕后，可以直接安装金属饰面板

D. 钢架制作及焊接质量应符合现行国家标准的有关规定

【答案】C

【解析】钢结构龙骨安装完毕后，应进行隐蔽验收，合格后才能转入下一道工序。

26. ［中级］搪瓷钢板饰面板挂装时，以下工序做法不正确的有（   ）。

A. 搪瓷钢板的安装顺序宜由上往下进行，可以交叉作业

B. 搪瓷钢板在安装之前，必须根据设计图纸在现场实测分格排板，并确定每块板的尺寸及编号

C. 搪瓷钢板禁止在现场开槽或钻孔，一切孔洞均应现场实测后，在搪瓷钢板出厂前预留，加工成半成品现场组合

D. 除设计特殊要求外，同一幅墙面的搪瓷钢板色彩应一致，板的拼缝宽度应符合设计要求

【答案】A

【解析】搪瓷钢板的安装顺序宜由下往上进行，避免交叉作业，防止意外碰撞、划伤、污染。

（三）多选题

1. ［初级］铝合金组合推拉窗由哪些部分组成（   ）。

A. 窗框   B. 窗扇

C. 拼樘料   D. 五金件

E. 玻璃

【答案】ABCDE

【解析】铝合金推拉窗由窗框、窗扇、拼樘料（只有组合窗

才要以拼樘料加以组合，单樘窗没有拼樘料）以及五金件和玻璃组成。

2. ［中级］铝合金推拉窗的优点有哪些（　　）。

A. 视野开阔，采光率高

B. 擦玻璃方便，使用灵活，使用寿命长

C. 在一个平面内开启，占用空间少

D. 两扇窗户能同时打开

E. 安装纱窗方便

【答案】ABCE

【解析】铝合金推拉窗具有简洁、美观，窗幅大，玻璃块大，视野开阔，采光率高，擦玻璃方便，使用灵活，安全可靠，使用寿命长，在一个平面内开启，占用空间少，安装纱窗方便等优点。但是两扇窗户不能同时打开，最多只能打开一半，通气面积受一定限制，通风性相对差一些。

3. ［中级］电动卷帘门施工前，应具备的施工条件有（　　）。

A. 结构工程验收合格，工种之间办好交接手续

B. 必须检查产品的基本尺寸与门窗口的尺寸是否相符，导轨、支架的数量是否正确

C. 按图纸尺寸要求已弹好门口的中线和标高控制线，并经预验合格

D. 结构表面的找平层必须完成，达到强度、平整度的规定要求

E. 门与结构之间的预埋件、连接铁件的位置、数量，经检查符合要求

【答案】ABCDE

【解析】满足施工条件，基层验收后，才能施工。

4. ［中级］金属板加工制作的要求有（　　）。

A. 单层铝板折弯加工时，折弯外圆弧半径不应小于板厚的1.2倍

B. 加劲肋可采用电栓钉，但应确保铝板外表面不变形、褪色，固定应牢固

C. 板块四周边应采用铆接、螺栓或胶粘与机械连接相结合的形式固定

D. 打孔、切口等外露的聚乙烯塑料及角缝，应采用中性硅酮耐候密封胶密封

E. 在加工过程中铝塑复合板可以与水接触

【答案】BCD

【解析】单层铝板折弯加工时，折弯外圆弧半径不应小于板厚的 1.5 倍；在加工过程中铝塑复合板严禁与水接触。

5. ［中级］金属饰面板安装的方法包括(   )。

A. 湿作业法　　　　　　　B. 粘贴（木衬板粘贴）

C. 挂装（龙骨固定面板）　D. 拼装法

E. 干作业法

【答案】BC

【解析】根据金属饰面板固定方式的不同，可分为粘贴（木衬板粘贴）和挂装（龙骨固定面板）两大类。

6. ［中级］关于金属饰面板挂装工程的成品保护不正确的有(   )。

A. 铝合金饰面板安装区域有焊接作业时，不需将板面进行有效覆盖

B. 加工、安装过程中，铝板保护膜如有脱落要及时补贴

C. 搪瓷板表面的保护膜可以留于项目竣工验收，不需要考虑表面保护膜的有效期限

D. 运输和安装其他设备时，应确保设备与搪瓷钢板墙面有足够的距离，不会产生直接的擦碰和撞击

E. 安装金属饰面板时，作业人员宜戴干净线手套，以防污染板面或板边划伤手

【答案】BDE

【解析】铝合金饰面板安装区域安装区域有焊接作业时，需

将板面进行有效覆盖，以免焊渣烧坏铝合金饰面；表面保护膜置留于搪瓷钢板表面的最长时间不应超过表面保护膜的有效期限。

（四）案例题

1. 某办公楼土建完工后，预留的窗洞口尺寸为 2400mm×1800mm（宽×高），拟采用 90 系列铝型材的铝合金推拉窗（两开），试进行相关的下料计算。

（1）判断题

1）［中级］该铝合金推拉窗的上、下滑道的下料尺寸为：2400mm−20mm−55mm＝2325mm。

【答案】错误

2）［中级］该铝合金推拉窗的框企下料尺寸应为 1800mm。

【答案】错误

（2）单选题

1）［中级］该铝合金窗的窗扇上方的下料尺寸应为（　　）mm。

A. 1201.5
B. 1211.5
C. 2403
D. 1189

【答案】A

2）［中级］该铝合金窗的光企的下料尺寸应为（　　）mm。

A. 1727
B. 1747
C. 1742
D. 1702

【答案】B

（3）多选题

［中级］以下关于下料要求的描述正确的是（　　）。

A. 原材料的端部要切除 5～10mm 左右

B. 下料分 90°下料和 45°下料两种

C. 下料长度误差要求为±0.5mm

D. 下料垂直度误差要求为±0.5mm

E. 下料的角度公差要求一般是小于 15′

【答案】ABCE

2. 某住宅楼铝合金窗安装完后，出现了多处室内窗周围墙体局部洇水潮湿、粉刷脱皮剥落的现象。通过仔细排查，发现该工程中存在如下问题：铝合金窗框与窗洞口四周，全部用水泥砂浆封死；下冒头的阻水边只有 15mm；推拉窗下滑槽只开设了一个排水孔，排水孔尺寸为 4mm×3mm；镶嵌玻璃的密封橡胶条处于拉紧状态，未装毛刷条；有外露连接螺钉时，未用密封材料掩埋密封。试根据排查出的问题，回答以下问题。

（1）判断题

1）〔初级〕铝合金窗框与窗洞口四周，全部用水泥砂浆封死不是造成室内窗周围墙体局部洇水潮湿的原因。

【答案】错误

2）〔中级〕窗框上冒头料阻水边太低，遇风雨大作时，雨水容易顺边缝隙溢向室内。

【答案】正确

3）〔中级〕镶嵌玻璃的密封橡胶条处于拉紧状态，可以有效地预防窗户渗水。

【答案】错误

4）〔初级〕铝合金窗框固定时，尽量减少外露的连接螺钉，如有外露连接螺钉时，应用密封材料掩埋密封。

【答案】正确

（2）单选题

1）〔中级〕铝合金窗的制作应合理选料，为防止窗口墙体渗水，下冒头的阻水边不低于（　　）。

A. 15mm
B. 20mm
C. 25mm
D. 30mm

【答案】C

2）〔中级〕一个铝合金窗扇宽 700mm，在其下滑槽应开设（　　）个排水孔。

A. 1
B. 2
C. 3
D. 4

【答案】B

（3）多选题

［中级］以下关于排水孔的设置描述正确的是（   ）。

A. 推拉窗下滑槽距两端头约 80mm 处开设排水孔

B. 排水孔尺寸宜为 4mm×30mm

C. 排水孔间距为 500～600mm

D. 推拉窗框下冒头无泄水孔

E. 排水孔堵塞易引起室内渗水

【答案】ABCE

3. 甲公司的 A 施工项目部承建某装饰工程，在墙面金属板安装前，项目部施工员专门召集全体作业人员进行墙面金属板技术交底，以防止安装中因工作失误而导致的质量问题，其部分交底内容反映在以下例题中。

（1）判断题

1）［初级］水平线是由土建提供的建筑标高水平点，是控制地面标高和吊顶标高或确定空间高度的控制线。

【答案】正确

2）［初级］金属板加工时，当对角线长度大于 2000mm 时，允许偏差可以大于 3.0mm。

【答案】错误

（2）单选题

1）［初级］单层铝板构件四周边应采用（   ）、螺栓或胶粘与机械连接相结合的形式固定。

A. 焊接   B. 拼接

C. 铆接   D. 锚栓

【答案】C

2）［中级］在不锈钢饰面安装时，木衬板基层的主龙骨采用 38 卡式龙骨，沿墙竖向布置，龙骨间距不应大于（   ）。

A. 600mm   B. 700mm

C. 800mm   D. 900mm

【答案】A

3) [中级] 在不锈钢饰面安装时，木衬板基层的次龙骨为U形50mm×20mm龙骨，沿墙横向布置，间距不应大于(   )。

A. 200mm   B. 300mm

C. 400mm   D. 500mm

【答案】B

4) [中级] 金属饰面板挂装，施工工序正确的是(   )。

A. 放线—龙骨安装—基层板固定—金属饰面板粘贴—清理

B. 放线—固定连接件—安装钢骨架—挂装金属饰面板—填缝与清洁

C. 放线—龙骨安装—金属饰面板粘贴—清理

D. 放线—固定连接件—挂装金属饰面板—填缝与清洁

【答案】B

5) [中级] 搪瓷钢板饰面板挂装完成后，成品保护措施不正确的是(   )。

A. 阳角、通道部分的板面可以不进行防护

B. 搪瓷板表面的保护膜应在安装完成后撕去

C. 安装区域有焊接作业时，需将板面进行有效覆盖

D. 加工、安装过程中，搪瓷板表面保护膜如有脱落要及时补贴

【答案】A

(3) 多选题

1) [初级] 铝合金饰面板的(   )应符合设计要求和国家标准。

A. 规格   B. 形状

C. 品种   D. 质量

E. 防腐处理

【答案】ACD

2) [初级] 结构必须经过(   )验收通过，合格后方可进行墙面工程。

A. 建设单位　　　　　　　　　B. 监理单位

C. 专业分包单位　　　　　　　D. 总承包单位

E. 设计单位

【答案】ABE

七、验　　收

(一) 判断题

［初级］自检就是生产者对自己所生产的产品，按照图纸、工艺或合同中规定的技术标准自行进行检验，并做出是否合格的判断。

【答案】正确

(二) 单选题

［中级］铝合金门窗的推拉扇启闭力应不大于(　　)。

A. 50N　　　　　　　　　　　B. 80N

C. 100N　　　　　　　　　　 D. 120N

【答案】A

【解析】《铝合金门窗工程技术规程》JGJ 214—2010 规定。

(三) 多选题

1. ［初级］健全质量检验体系，质量检验包括(　　)。

A. 自检　　　　　　　　　　　B. 隐蔽检查

C. 互检　　　　　　　　　　　D. 交接检

E. 班组检查

【答案】ACD

【解析】班组检查包括在自检中，隐蔽检查是检查的内容。

2. ［初级］下面(　　)属于质量检验的标准。

A. 图纸　　　　　　　　　　　B. 规范

C. 企业标准　　　　　　　　　D. 合同规定其他技术标准

E. 工艺标准

【答案】ABCDE

【解析】质量检验标准包括的内容。

3. ［中级］住宅室内装饰装修工程所用材料进场验收的内容包括（   ）。

A. 品种

B. 规格

C. 包装

D. 外观和尺寸

【答案】ABCD

【解析】材料验收的内容，还包括材料性能。

4. ［初级］住宅室内装饰装修工程质量分户验收应符合哪些规定（   ）。

A. 每户住宅室内的各分项工程应全数检查

B. 分项检查的主控项目应全部符合规范规定

C. 分项检查的一般项目合格点率在80％以上，且最大偏差不得超过允许偏差值的1.5倍

D. 各分项工程质量均合格，并有完整的质量验收记录

E. 不符合规定的检查点不得有影响使用功能或明显影响装饰效果的缺陷

【答案】ABCDE

【解析】质量验收规范。

5. ［中级］铝合金门窗安装隐蔽验收的内容包括（   ）。

A. 铝合金门窗框与洞口连接固定

B. 防雷连接

C. 防腐

D. 缝隙填塞

E. 框和扇的制作

【答案】ABCD

【解析】质量验收规范。

参 考 文 献

[1]　住房和城乡建设部. 房屋建筑室内装饰装修制图标准 JGJ/T 244—2011[S]. 北京：中国建筑工业出版社，2012.

[2]　住房和城乡建设部，国家质量监督检验检疫总局. 建筑制图标准 GB/T 50104—2010[S]. 北京：中国建筑工业出版社，2011.

[3]　住房和城乡建设部. 建筑施工安全技术统一规范 GB 50870—2013[S]. 北京：中国计划出版社，2013.

[4]　住房和城乡建设部. 建筑装饰装修工程质量验收标准 GB 50210—2018[S]. 北京：中国建筑工业出版社，2018.

[5]　住房和城乡建设部. 铝合金门窗工程技术规范 JGJ 214—2010[S]. 北京：中国建筑工业出版社，2011.

[6]　住房和城乡建设部. 建筑玻璃应用技术规程 JGJ 113—2015[S]. 北京：中国建筑工业出版社，2016.

[7]　建筑施工手册(第五版)编委会. 建筑施工手册(第五版)[M]. 北京：中国建筑工业出版社，2013.

[8]　彭圣浩. 建筑工程质量通病防治手册(第四版)[M]. 北京：中国建筑工业出版社，2014.

[9]　建筑工人职业技能培训教材编委会. 金属工[M]. 北京：中国建材工业出版社，2016.

[10]　住房和城乡建设部干部学院. 金属工(第二版)[M]. 武汉：华中科技大学出版社，2017.

[11]　李冰. 装饰金属工[M]. 武汉：湖北科学技术出版社，2009.

[12]　郭道明. 实用建筑装饰材料手册[M]. 上海：上海科学技术出版社，2009.

[13]　周殿明. 机电工程实用五金手册[M]. 北京：机械工业出版社，2013.

[14]　祝燮权. 实用五金手册(第六版)[M]. 上海：上海科学技术出版

社，2000.

[15]　杨家斌. 实用五金手册(第二版)[M]. 北京：机械工业出版
社，2012.